大豆フードシステムの新展開

田口　光弘　著

農林統計協会

はしがき

　大豆は，豆腐，納豆，味噌，醤油など日本人の食生活に欠かせない食材の原料であり，日本農業にとって重要な農産物である．しかし，その自給率は，食用大豆に限って見ても21%にすぎず，多くを輸入大豆に依存している．

　このような低い自給率にある一方で，大豆は関税障壁なく海外と競争している農産物である．中国における畜産物消費の拡大等を背景に，国際的に大豆の需要は増加しており，国際価格は高騰傾向にある．この点では，国産原料大豆の生産拡大への要望は大きいと言える．

　わが国の大豆生産への期待に応えていくには，まずは，供給の安定化を図るとともに，大豆加工メーカーのニーズに対応した品質改善を図っていくことが求められる．そのためには，なによりも大豆生産者の生産安定化に向けた取り組みが不可欠である．しかし，わが国の大豆生産流通においては，これまで，生産者と加工メーカーとの距離が遠く，そのことが大豆生産者の市場志向的な行動を抑制する要因となっていた．

　本書は，以上のような問題意識から，大豆加工食品の消費や加工メーカーの原料調達といった，大豆フードシステムの川下に焦点をあて，大豆加工メーカーの国産原料大豆に対する品質評価や大豆の直接取引の実態解明，さらに，大豆加工品である豆腐や納豆に対する購買行動の分析を実施した．

　本書の結論を先取りすれば，以下の通りである．商品の最終ユーザーである消費者の購買行動に関する分析結果によれば，国産大豆を使用した納豆の購入拡大には，輸入大豆の価格変化以上に，国産大豆使用商品の価格引き下げが有効である．しかし，商品の値下げは原料調達価格の低下につながり，生産者の収入を減少させてしまう．このような問題点に対して本書が提起するのが，大豆生産者と加工メーカーとの直接取引の推進である．その経済効果を確認するために大豆作経営者や加工メーカーへの聞き取り調査を実施し，直接取引で流通経費や手数料等の中間マージンが節約され，生産者，加工メーカーともに利

益がもたらされることを実証的に明らかにした．本書においては大豆加工メーカーによる国産原料大豆への様々なニーズを摘出したが，生産者と加工メーカーとの距離が近くなれば，そのようなニーズに即した原料大豆の調達も可能と考えられる．

　もちろん，現在の大豆流通の全てを直接取引に移行させることはできず，また，直接取引を成立させるには，選別，保管，代金決済など問屋機能をどのように担保していくかの検討も必要となる．しかし，直接取引は，生産者と加工メーカーとの相互の情報共有を緊密化することで，ややもすれば原料生産の主体にとどまっていた大豆生産者に対してユーザーである加工メーカーを意識した行動を誘発するとともに，加工メーカーには国産原料大豆を基軸とする経営戦略の構築に寄与しうる．これこそが，今日の大豆生産の安定化に求められていることといえる．

　本書では，消費者の購買行動に対する計量分析を実施するとともに，一方では，大豆作経営や大豆加工メーカーへのフィールドサーベイを実施するなど，多角的な方法に基づき分析を行った．特に，加工メーカーにおける直接取引等に関する実態把握は，これまで十分解明が進んでこなかった領域に新たな知見を追加するものである．

　大豆生産振興に向けては，まだ解明されるべき事項があるが，本書の知見はそれら大豆生産流通に関わる研究者や指導者の取り組みに示唆する点も多いと考えられることから，出版に踏み切った次第である．関係各位の忌憚のないご意見，ご批判を頂ければ幸いである．

　なお，本書は中央農業研究センター総合農業研究叢書として刊行されたものであるが，このような機会を与えていただいたことに改めて感謝したい．

2017 年 3 月

農研機構　北海道農業研究センター

田口　光弘

目　　次

第 1 章　本書の課題 ……………………………………… 1
　第 1 節　我が国における大豆の需給と生産の現状 ……………… 1
　　1．大豆需給の現状 ………………………………………… 1
　　2．国内生産の現状 ………………………………………… 2
　第 2 節　課題の設定 ……………………………………… 8
　　1．本書の問題意識 ………………………………………… 8
　　2．先行研究の整理 ………………………………………… 9
　　3．本書の課題と構成 ……………………………………… 14

**第 2 章　豆腐製造業と納豆製造業における
　　　　　原料大豆の品質ニーズと国産大豆に対する評価** ………… 17
　第 1 節　豆腐製造業と納豆製造業の現況概観 ………………… 17
　第 2 節　豆腐製造業と納豆製造業における原料大豆の品質ニーズ … 22
　　1．調査対象企業の概要 …………………………………… 22
　　2．原料大豆に対する品質ニーズ ………………………… 24
　第 3 節　国産大豆に対する豆腐製造業者と納豆製造業者の評価 … 27
　第 4 節　まとめ …………………………………………… 30

第 3 章　国産大豆の直接取引・契約栽培に関する事例分析 ……… 33
　第 1 節　国産大豆流通の概要 ……………………………… 33
　第 2 節　豆腐製造業者における直接取引・契約栽培の事例 …… 35
　　1．京都府長岡京市の豆腐製造業者 G 社における調達事例 …… 35
　　2．三重県松阪市の豆腐製造業者 H 社における調達事例 …… 38
　　3．岐阜県揖斐川町の豆腐製造業者 I 社における調達事例 …… 39

第3節　納豆製造業者における直接取引・契約栽培の事例 ………… 41
　　　1．東京都府中市の納豆製造業者F社における調達事例 …………… 41
　　　2．長野県長野市の納豆製造業者J社における調達事例 …………… 43
　　第4節　直接取引事例における問屋機能の分担関係 ………………… 46
　　第5節　まとめ …………………………………………………………… 47

第4章　国産大豆使用商品の消費拡大に向けた条件解明 ………… 51
　　第1節　豆腐および納豆の消費動向 …………………………………… 51
　　　1．豆腐の消費動向 …………………………………………………… 51
　　　2．納豆の消費動向 …………………………………………………… 54
　　　3．豆腐および納豆の今後の需要動向に関する考察 ……………… 58
　　第2節　国産大豆属性に対する消費者評価の解明 …………………… 59
　　　1．データの概要と対象商品について ……………………………… 60
　　　2．分析に用いる市場シェア関数の特徴 …………………………… 62
　　　3．市場シェア関数の推定 …………………………………………… 64
　　第3節　国産大豆使用納豆に対する価格弾力性の計測 ……………… 70
　　　1．対象商品について ………………………………………………… 70
　　　2．価格弾力性の計測に用いる市場シェア関数について ………… 71
　　　3．市場シェア関数の推定 …………………………………………… 74
　　第4節　まとめ …………………………………………………………… 82

補論　製品属性を説明変数に組み込んだ市場シェア関数の特定化 ……86
　　　1．効用関数の特定化 ………………………………………………… 86
　　　2．市場シェア関数の特定化 ………………………………………… 89
　　　3．製品間の属性類似度を考慮した市場シェア関数の特定化 …… 90

| 第5章 | 結論 | 93 |

第1節　本書の要約 …………………………………………… 93
第2節　直接取引の推進による国産大豆の消費拡大に向けて ……… 96

第1章 本書の課題

第1節 我が国における大豆の需給と生産の現状

1. 大豆需給の現状

　大豆は，豆腐や納豆などの我が国の伝統食品の原料であり，日本人の食生活にとって重要な農産物といえるが，その自給率は低く，我が国における大豆需要の多くは，輸入大豆によりまかなわれている．

　表1-1に，2013年における用途別の大豆使用量と自給率を示しているが，最も多く大豆を使用しているのが製油であり，原料はすべて輸入大豆でまかなわれている．一方，豆腐や納豆などの大豆加工食品においては，豆腐で45万

表1-1　用途別大豆使用量・自給率（2013年）

		大豆使用量 （千トン）	うち国産	自給率 （％）
	製油用	1,911	0	0
食品用	豆腐・油揚	454	106	23
	納豆	125	31	25
	味噌・醤油	156	17	11
	煮豆	30	19	63
	その他食品	171	21	12
その他（種子等）		165	6	4
合計		3,012	200	7
うち食品用		936	194	21

資料：用途別の使用量は，農林水産省「食料需給表」および農林水産省「大豆のホームページ」に記載された「食品用大豆の用途別使用量の推移」を参照した．用途別の国産大豆使用量については，農林水産省資料「大豆をめぐる事情 平成27年8月」に記載された国産大豆の用途別供給割合をもとに算出した．

(2)

4千トンと最も多く使用されており，うち国産大豆は10万6千トン用いられている．次いで，納豆では12万5千トン使用され，そのうち国産は3万1千トンとなっている．大豆の総需要約300万トンに対し自給率は7％であり，食品用での需要93万6千トンに限っても自給率は21％と，総合食料自給率39％（2013年度）に比べ低水準にとどまっている．

図1-1に，1960年以降の大豆生産量・輸入量および自給率の推移を示しているが，1961年の大豆輸入自由化以降，大豆の輸入量が増加し，1970年以降，自給率は5％前後，食品用自給率に限っても20％前後で推移している．そして，これら輸入大豆の多くは，北米および南米産で構成されている．図1-2は，大豆の輸入先別割合を表しているが，アメリカから60％輸入しており，ブラジル，カナダもあわせれば，上位3カ国で98％が占められている．

このように，我が国における大豆の供給は，海外産大豆に大きく依存しているが，大豆に関する国際情勢を鑑みると，海外産大豆の価格が高騰してきている．図1-3は，食品仕向用と考えられる海上コンテナで輸送された大豆輸入価格（円/60kg）の推移であるが，一時的に5,000円近くまで値上がりしたときはあるものの，2007～2012年の間は4,000円前後で推移してきた．しかし，2013年以降，5,000円を超え，2015年6月時点で5,862円にまで達している．

このような輸入価格高騰の背景として，①アメリカにおけるGMO大豆の作付割合の増加，②中国における大豆輸入量の拡大，③ブラジル産大豆の価格高騰，④アメリカにおけるバイオ燃料原料としてのトウモロコシ作付の増加（大豆作付の減少）などが指摘されている（澤［2011］）．中国以外にもインドなど近年経済成長が著しい国では，油脂類や肉類の消費拡大に伴う大豆需要が増大していくと考えられ，輸入価格は引き続き高値で推移していくものと考えられる．

2. 国内生産の現状

このように輸入大豆が高騰し，さらに現在食品用に仕向けられているNon-GMO大豆の確保も将来的に困難になる可能性もある中で[1]，国内での大豆生

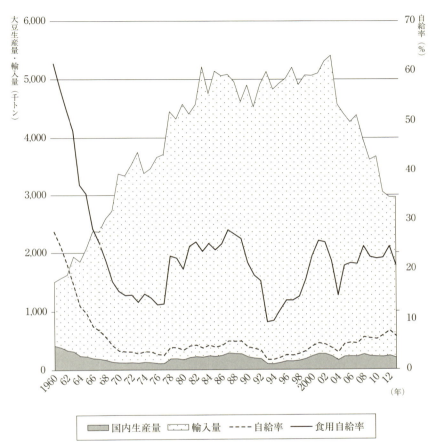

図 1-1　大豆生産量・輸入量（千トン）および自給率（％）の推移

資料：農林水産省「食料需給表」をもとに作成．
注：自給率は，（国内生産量÷国内消費仕向量）×100 で計算．食用自給率は，（国内生産量－種子用）÷（粗食料＋味噌醤油用）×100 で計算した．

産振興が，以前に増して強く求められてきているといえる．

　そこで，我が国における大豆の生産状況について見てみると，米の生産調整の影響を強く受けて，大豆生産が行われていることが分かる．図 1-4 は，大豆の生産量と作付面積の動向を表したものであるが，2013 年産では作付面積 12

(4)

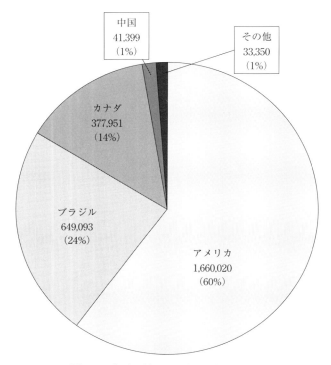

図1-2 大豆の輸入先別割合（2013年）

資料：財務省「日本貿易統計」．
注：国名の下の数値は，輸入量（トン）を示している．

万9千haで，収穫量は約20万トンであり，傾向としては作付面積の増減に応じて生産量も変化している．そして，この作付面積の変化は田作大豆の作付面積と同じ動きを示しているが，これは米の生産調整の影響を受けて水田での大豆作付が行われてきたからである．そして，大豆作のうち田作大豆の割合は，1971年時点では30%であったが，2013年には85%を占めている．

我が国の大豆生産の問題点として，単収（10a当たり収量）の低位不安定性が挙げられている[2]．図1-5は単収の推移を表したものであるが，1971～80年の平均単収138kgに比べ，2001～10年は163kgと増加しているものの，年毎のばらつきは大きい．このように単収が低くかつ不安定である要因としては，連

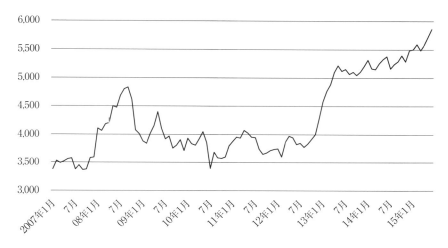

図 1-3　海上コンテナによる大豆輸入価格の推移（円/60kg）

資料：日本特産農産物協会ホームページに掲載された「月別内外大豆価格推移」より作成（もとデータは財務省「貿易統計」）．

作障害の発生，田作大豆での不十分な排水対策や栽培管理，品種更新の遅れなど複数の要因が指摘されている（島田［2013］）．

　このように，我が国における大豆生産は作付面積自体が米の生産調整面積の影響を受けていると同時に，単収が不安定なため，結果として収穫量の年毎の変動が大きくなっている．このような生産の不安定性は，国産大豆の取引価格に大きな影響を及ぼす．近年，特に大豆加工メーカーの間で問題となったのは2003年産，2004年産の収穫量の落ち込みであり，それを表したのが表 1-2 である．2001～02年産は作付面積の増加に加え，単収が安定していたこともあり，収穫量は 27 万トンに達するとともに，落札価格も 4,500 円/60kg 前後で安定していた．しかし，2003年産の収穫量は，単収の減少により2002年産の水準に比べ約85％まで減少し，さらに2002年産までの価格低下により多くの大豆加工食品メーカーで輸入大豆から国産大豆への切り替えが進展していて需要が高まっていたこともあり，落札価格は2002年産の約2倍と大きく高騰した．

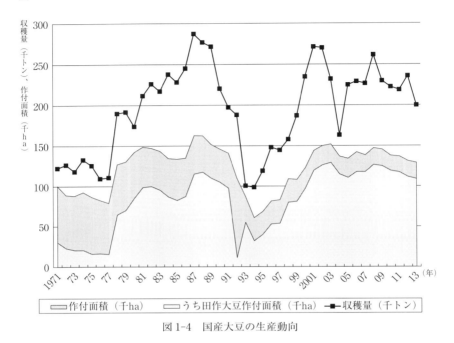

図 1-4　国産大豆の生産動向

資料：農林水産省『作物統計』より作成．

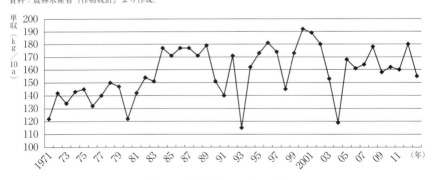

図 1-5　単収（kg/10a）の推移

資料：農林水産省『作物統計』より作成．

　特に，2003 年産の価格高騰は納豆用大豆で顕著であった．表 1-3 に納豆製造でよく用いられる北海道・スズマルと，豆腐製造で使われる栃木・タチナガ

表1-2　国産大豆の生産量および落札価格の近年の動向

年産	作付面積 (ha)	単収 (kg/10a)	収穫量 (トン)	対前年比 (％)	平均落札価格 (円/60kg)	対前年比 (％)
2000	122,500	192	235,000		5,653	
01	143,900	189	271,400	115.5	4,501	79.6
02	149,900	180	270,200	99.6	4,585	101.9
03	151,900	153	232,200	85.9	9,536	208.0
04	136,800	119	163,200	70.3	15,836	166.1
05	134,000	168	225,000	137.9	6,931	43.8
06	142,100	161	229,200	101.9	6,835	98.6
07	138,300	164	226,700	98.9	7,364	107.7
08	147,100	178	261,700	115.4	7,079	96.1
09	145,400	158	229,900	87.8	6,654	94.0
10	137,700	162	222,500	96.8	6,829	102.6
11	136,700	160	218,800	98.3	8,299	121.5
12	131,100	180	235,900	107.8	8,145	98.1
13	128,800	155	199,900	84.7	14,168	173.9

資料：作付面積，単収，収穫量については農林水産省『作物統計』．落札価格については，日本特産農産物協会のホームページで公表されている年別の値を引用．なお，平均落札価格は，60kg当たりの包装代を含み，消費税及び地方消費税等は含まない．

表1-3　銘柄別落札価格

（単位：円/60kg）

年産	北海道・スズマル・小粒	対前年比 (％)	栃木・タチナガハ・大粒	対前年比 (％)
2000	5,536		5,635	
01	5,476	98.9	4,754	84.4
02	6,871	125.5	4,400	92.6
03	17,276	251.4	8,643	196.4
04	13,689	79.2	15,299	177.0
05	7,159	52.3	6,762	44.2

資料：日本特産農産物協会のホームページで公表されている月別の落札価格をもとに計算（2000〜01年），または年別の値を引用（2002〜05年）．なお，落札平均価格は，60kg当たりの包装代を含み，消費税及び地方消費税等は含まない．

ハの落札価格の推移を示したが，スズマルは2003年産において2002年産の2.5倍と高騰し，タチナガハより大きな変動を示している．このような納豆用大豆の高騰の理由としては，次の点が指摘されている[3]．まず，納豆産業は相対的に規模の大きい企業が多くより購買力があり，それら大手メーカーは国産

(8)

大豆使用商品で利益が出なくても，販売量全体に占める国産大豆商品の割合は小さく，会社の業績に対する影響は小さい．そのため，量販店への納品を守るために，高値がついても一定量を確保する必要があったという点である．さらに，納豆に向いた銘柄は限られており，特定の銘柄に入札が集中するということも高騰をもたらした要因として挙げられている．

また，最近では，2013年産大豆について，平均落札価格が1万4,168円となり，2004年産大豆に次ぐ高値となっている．この要因としては，作付面積が前年に比べて2,300ha減少したことに加え，全国的な不作により，平均単収が155kgまで落ち込み，結果として収穫量が2004年産以来の20万トン割れとなったからと考えられる．その結果，2014年3月以降の入札取引で1万円を超す高値が続き，最終的に平均価格で1万9,000円近くまで高騰した銘柄も出てきた．

第2節　課題の設定

1．本書の問題意識

以上，我が国における大豆の需給と生産の現状について述べたが，大豆需要の多くをまかなっている輸入大豆の価格が高騰している中で，国産大豆についてはこれまで以上に，安定供給さらには生産量の増加が求められている．さらに，第2章で述べるように，品質面でも，大豆加工メーカーのニーズに対応して，使い勝手の良い原料への改善が求められている．しかしながら，現行の国産大豆の流通においては，大豆生産者と大豆加工メーカーとの間に，JAや問屋などが介在し，生産した大豆がどこの加工メーカーで使われているのかも十分に把握できず，品質に対するニーズや生産された大豆に対する評価が，多くの場合生産者に伝わっていない．そのため，大豆加工メーカーのニーズに対応した品質改善がされにくい状況にある．

これらのことを踏まえれば，国産大豆が原料としてきちんと使われるためには，供給量の安定化を達成するとともに，大豆加工メーカーの品質ニーズや国

産大豆に対する評価を把握した上で，それらに対応した大豆生産を行うことが重要である．そのためには，大豆生産者と大豆加工メーカーとがお互いに距離を縮め，相互理解にもとづいた取引関係が増えていくことが求められる．さらに，こうした国産大豆に関する取引関係の定着のためには，国産大豆使用商品の消費拡大が不可欠であり，そのためには，消費者の購買行動分析による消費拡大に向けた条件解明が求められる．

　こうした問題意識にもとづき，本書では，次の3つの課題を設定する．第1に，大豆加工メーカーの大豆品質ニーズと国産大豆に対する評価を解明することである．次に，大豆生産者と大豆加工メーカーとの相互理解の進展には，コミュニケーションを取りながら取引や連携を進めることが不可欠であり，そのためには生産者と大豆加工メーカーの間にJAや問屋が介在しない「直接取引」の推進が1つの方向性といえるが，この直接取引の実態を解明するのが第2の課題である．第3に，大豆加工食品に対する消費者の購買行動分析を行ない，国産大豆使用商品の消費拡大に向けた条件を解明することである．

2. 先行研究の整理

　上記の課題から，本書の分析内容は，①大豆加工メーカーの大豆品質ニーズと国産大豆に対する評価の解明，②大豆生産者と大豆加工メーカーとの取引・連携関係に関する分析，③大豆加工食品に対する消費者の購買行動分析といえるが，これら3つのテーマに関する先行研究を整理し，残された研究課題を洗い出して，課題の限定を行う．

1）大豆加工メーカーの大豆品質ニーズと国産大豆に対する評価の解明

　大豆加工メーカーの大豆品質ニーズと国産大豆に対する評価の解明について，まず，公設試験場などの研究機関が行った調査としては，佐々木［2001］，伊藤［2002］，後藤［2005］，木村［2007］などが挙げられる．

　佐々木［2001］は，秋田県内の豆腐製造業者に対して原料大豆に関するアンケート調査を実施し，49業者から回答を得た．調査の結果，原料大豆の仕入

れ価格平均値（60kg 当たり）は，国産大豆で1万1,144円，輸入大豆で4,089円であり，国産大豆を使用しない業者は38業者（約88％）いた．国産大豆を使わない理由としては，「原料価格が安定していない」との回答が最も多く，国産大豆を使う理由としては，「消費者が求めている」「輸入大豆より味が良い」との回答が多かった．

　伊藤［2002］は，宮城県内の大豆加工メーカー191社に対してアンケート調査を実施し，64社から回答を得た．これら64社のうち，宮城県産大豆を「計画的に利用している」のは15社で，「利用しているが計画的ではない」は26社，「利用していない」は23社であった．これら「利用しているが計画的ではない」「利用していない」と答えた理由で最も多かったのが「価格が高い」であり，次いで「安定した量が供給されるか分からない」であった．

　後藤［2005］は，豆腐製造業者4社，納豆製造業者3社の社長・工場長クラスを参集したグループインタビューをそれぞれ実施し，大豆加工メーカーの国産大豆に対する評価をまとめている．国産大豆のデメリットは深刻な順に，「供給の不安定性」「価格の不安定性」「品質のばらつき」となり，メリットは魅力的な順に「地産地消に対するアピール」「安心・安全」「差別化」「高品質」という結果を得ている．

　木村［2007］は，豆腐製造業者9社に対してヒアリング調査を実施し，国産大豆の長所と，課題について明らかにしている．まず，長所としては，最も多かったのが「食味の良さ」（6社）であり，次いで「安心安全のイメージ」（5社）が挙げられた．一方，課題については，「品質・成分が不安定」（7社），「価格が不安定」（5社），「数量が不安定・ロットが小さい」（3社）など挙げられ，また「選別の悪さ」や「保管状態の悪さ」についても，それぞれ1社ずつから指摘されている．

　一方，遠藤［2006］は，大豆加工メーカーに所属する実務の立場から，国産大豆のメリットや問題点を指摘している．国産大豆のメリットとしては，「脱皮粒が少ない」「貯蔵による質的変化が少ない」「蛋白質・糖質が外国産に勝り，大粒も選択可能」などが挙げられた．問題点としては，「異物混入や汚損

粒の混入」「粒の大きさがそろっていない」などが挙げられた．

　以上，大豆加工メーカーの大豆品質ニーズと国産大豆に対する評価の解明に関する先行研究を見てきたが，国産大豆のメリットとしては，複数の研究で「食味の良さ」や「安心・安全（のイメージを消費者が抱いている）」が指摘されている．一方，問題点としては，数量・価格・品質の不安定性が，多くの研究で指摘されている　また，選別の悪さについても，2つの研究で指摘されている．

　これらの先行研究の内容および結果を踏まえ，本書では，以下の課題を設定する．第1に，成分や粒大など品質要素ごとの大豆加工メーカーのニーズについては先行研究では明らかにされていないものの，こうした品質要素に関する大豆加工メーカーのニーズは，大豆生産者の品種選択にとって重要な情報であるので，本稿では大豆の品質要素に関する大豆加工メーカーのニーズを解明する．

　第2に，国産大豆のメリットや問題点はこれまで解明されているが，輸入大豆のメリットや問題点については，あまり明らかにされていない．国産大豆にはない輸入大豆のメリットがあれば，そのようなメリットを国産大豆も備えることで，原料としての魅力度は増すと思われる．そのため，国産大豆と対比しながら輸入大豆のメリットと問題点についても解明する．

2）大豆生産者と大豆加工メーカーとの取引・連携関係に関する分析

　このテーマに関する先行研究は最近になって出てきており，笹原［2009］，澤［2011］などが挙げられる．

　笹原［2009］は，大豆生産者と大豆加工メーカーとがJA等を介しないで直接，大豆と代金のやり取りを行う「直接取引」に焦点を当てて，その課題の解明と，取引価格の設定を支援するために開発した「Soya試算シート」の有効性の検証を行っている．2006年度末に廃止された大豆交付金制度下では，直接取引によりやり取りする大豆は交付金受給の対象外となる．そのため，生産者の大豆作収入を確保するためには，交付金部分を大豆の価格に上乗せする形

で取引価格を決める必要があるが，交付金の種類や水準を多くの大豆加工メーカーは把握していないため，取引価格の設定は困難を伴う．このような特徴を有する直接取引の課題として，実際に直接取引に取り組んでいる豆腐製造業者からは，「大豆に関する補助金等の仕組みが分かりにくい」「価格が高くなる」「生産量が安定しない」などが挙げられた．

澤［2011］は，豆腐のフードシステムについてまとめるとともに，原料を輸入大豆から全量国産大豆に切り替えていった豆腐製造業者4社への聞き取り調査を実施し，各社の経営展開と契約産地との関係性についてまとめている．調査の結果，事例4社に共通する経営展開の特徴としては，①1990年代という時代が国産大豆を原料とした豆腐製造企業の発生と成長をもたらした，②国産大豆を原料とした豆腐製造企業の成長を1990年代以降のいわゆる「本作化施策」が後押しした，③2000年以降，食育活動や地産地消などの公益的活動が，国産大豆を原料とした豆腐製造企業のもとで活発化している，の3点を指摘している．そして，このような経営展開を可能とする主体間関係の特徴として，①販売先と対等な関係が構築されている，②大豆の生産段階にある主体と対等な関係性の上に継続的な取引が行われている，③卸売業者との信頼関係と協力体制が存在している，④消費者から生産者までの間で大豆や豆腐についての情報の共有が進んでいる，の4点が指摘された．

このテーマに関する研究の蓄積は少ないが，これらの先行研究の内容をもとに，本書では，事例分析にもとづく直接取引の実態解明を重点的に行う．笹原［2009］では，3つの事例が取り上げられているが，分析の中心は各事例における価格設定であり，大豆の輸送や保管，代金決済等といった問屋が担っている機能をどのように両者で負担しているのかなどについては明らかにされていない．これらの情報は，直接取引に新たに取り組もうとする事業体にとっては必要な情報であるため，本書では，問屋機能の分担関係についても調べることとする．

また，大豆生産者と大豆加工メーカーとの相互理解を進めるには，JAや問屋が仲介する形での「契約栽培」も有効であるものの事例分析の蓄積が少ない

ため，この契約栽培についても本書の分析対象とする．

3）大豆加工食品に対する消費者の購買行動分析

購買行動分析に関する先行研究としては，梅本ら［2004］，石々川・合崎［2006］，石々川・合崎［2007］などが挙げられる．

梅本ら［2004］は，豆腐に対する消費者の購買行動調査を中心にしつつ，大豆作経営調査や大豆加工メーカーへの聞き取り調査も実施し，いわば豆腐のフードシステムに関する総合的な研究といえるが，ここでは消費者の購買行動調査の内容と結果のみ取り上げる．購買行動調査の方法は，消費者211名に対し，豆腐購入時の注目項目について尋ねるとともに，仮説店舗で購入希望商品を1つ選択してもらい，選択後に，選択した商品の内容を記載してもらう購買実験を行った．さらに，7名の消費者にはアイカメラを装着してもらい，仮説店舗での購買実験における視点移動を調査した．これら一連の購買行動調査の結果，「国産原料使用に注目度が高かったとしても，それが必ずしも商品選択を左右する要因となり得てはいない」ことを解明し，商品ラベルに記載された属性情報に関しては「じっくりと文字を読んで内容の理解やその意味の解釈を行って商品の検討が行われていると思われない」と結論付けている．

石々川・合崎［2006］は，原料大豆，味の評価，価格の3つの属性を取り上げたコンジョイント分析を行った．分析の結果，属性の重要度は，原料大豆と価格はそれぞれ40％であり，味の評価は20％であった．また，年齢が上がるにつれて，豆腐の価格よりも原料大豆の属性（国産大豆か否か）を重視する傾向が明らかにされた．

一方，石々川・合崎［2007］では，被験者に2種類の豆腐について食味試験してもらった上で，原料大豆，味の評価，価格の3つの属性に関するコンジョイント分析を行った．なお，属性の水準設定においては，食味試験と関連して，試食した2種類の豆腐を味の評価水準に設定している．分析結果については，属性の重要度に関し，原料大豆50％，価格30％であり，味の評価は20％と石々川・合崎［2006］の結果と大きく変わることはなかったが，食味が優れ

ると感じる程度が強いほど，価格が安いことへの要求が弱まることが明らかにされた．

　以上，大豆加工食品に対する消費者の購買行動分析の先行研究を見てきたが，分析手法としては購買実験や表明選好アプローチで実施されており，意識としては原料大豆属性が重視されている（梅本ら［2004］，石々川・合崎［2006］，石々川・合崎［2007］）が，実際の選択場面では原料大豆属性は必ずしも重視されていない（梅本ら［2004］）ことが明らかにされている．

　こうした先行研究の内容も踏まえ，本書では，実際の購買データと市販されている商品の属性データを用いた顕示選好アプローチで消費者の購買行動分析を行う．こうした実際の購買データを用いることで，商品属性全体の中での原料大豆属性に対する相対的な消費者評価の把握や，国産大豆を使用した商品の価格弾力性の計測などを行うことができ，それらの分析結果は国産大豆を用いた商品の需要拡大に有益な情報であると考えられる．

3．本書の課題と構成

　以上の先行研究の整理を踏まえ，本書では，分析対象として原料大豆および国産大豆の使用量が多く，かつ直接取引の事例が散見される豆腐と納豆に限定し，以下の分析を行う．

　①大豆加工メーカーの大豆品質ニーズと国産大豆に対する評価の解明に関しては，成分や粒大など品質要素別に大豆加工メーカーのニーズを解明する．さらに，国産大豆と対比しながら輸入大豆のメリットと問題点についても解明する．

　②大豆生産者と大豆加工メーカーとの取引・連携に関する分析については，大豆の輸送や保管の方法，代金決済等といった問屋機能の分担関係についても触れながら，直接取引の実態解明を行う．また，JAや問屋が仲介する形での「契約栽培」についても実態解明を行う．

　③大豆加工食品に対する消費者の購買行動分析については，実際の購買データと市販されている商品の属性データを用いて分析を行い，国産大豆使用商品

の消費拡大に向けた条件を解明する．

　そして，これらの分析結果を踏まえ，国産大豆の消費拡大に向けた大豆生産者と大豆加工メーカーとの取引・連携関係の方向性と課題を提示することを本書の課題とする．

　以下の本書の構成であるが，これら①〜③の課題に対して，それぞれ2〜4章が対応している．

　まず，第2章では，豆腐産業と納豆産業における製造量や市場構造などを概観し，両産業の現状を整理する．両産業では販売集中が進展しており，そのような中，販売額上位の大手メーカーと，中小メーカーからそれぞれ数社を選んで聞き取り調査を行い，両産業における原料大豆の品質ニーズおよび国産大豆に対する評価を解明する．

　次に，第3章では，まず国産大豆の流通の概要を見たうえで，大豆生産者と大豆加工メーカーとの直接取引および契約栽培への取組事例を詳述し，大豆の輸送や保管など従来問屋が担っていた機能をどのように両者で負担しているのかを解明する．

　続く第4章では，総務省の『家計調査年報』をもとに豆腐および納豆の消費動向を見るとともに，これら2つの品目に関し，今後の需要動向を考察する．さらに，納豆を対象に，商品レベルでの消費者の購買データと市販されている商品の属性データを用いて，国産大豆属性への消費者評価の計測と，国産大豆使用商品の価格弾力性の計測を行う．そして，これら品目別の需要動向と，商品レベルの購買行動分析から解明される国産大豆使用商品に対する評価結果をもとに，国産大豆使用商品の消費拡大に向けた条件を提示する．

　最後に，第5章において，2〜4章までの分析結果をもとに，国産大豆の消費拡大に向けた，大豆生産者と大豆加工メーカーとの取引・連携関係の方向性と課題を提示する．

注

1) アメリカ農務省(USDA)のNASS(National Agricultural Statistics Service) Acreage

Reportによれば，GMO大豆の作付面積は2000年時点の54％から2015年時点で94％へと急速に増加している．
2) 梅本［2007］のp.84を参照．
3) 梅本［2007］のpp.102-105を参照．

第2章　豆腐製造業と納豆製造業における原料大豆の品質ニーズと国産大豆に対する評価

　本章では，第1節において，豆腐製造業と納豆製造業の現況を，各種統計データから整理する．第2節および第3節では，第1節で整理した両産業の市場構造をもとに，調査対象企業を選び，両産業における原料大豆の品質ニーズや国産大豆に対する評価を企業への聞き取り調査から解明する．

第1節　豆腐製造業と納豆製造業の現況概観

　図2-1は，豆腐の製造量（千トン）の推移を表している．1970年時点で99万2千トンであり，1990年ころまで増加し続けていたが，その後横ばい状態が続き，2010年から減少し始め，2013年時点で114万トンとなっている．一方，図2-2は，納豆の製造量の推移を表したものである．1970年以降，ピークを迎える2002年（25万4千トン）まで，基本的には増加傾向が続いていたが，それ以降，減少傾向に転じ，2013年時点で22万5千トンとなっている．このように豆腐および納豆ともに製造量は近年減少傾向に転じており，第4章で述べる家庭の消費動向と同様の動きを示している．

　こうした製造量の動向と関連し，原料大豆の使用量の推移を次に見てみる．豆腐および油揚げ製造における近年の原料大豆の使用量（千トン）を表したのが，図2-3であるが，2009年まで49万トン以上で推移してきたが，その後減少が続き，2013年時点で45万4千トンとなっている．こうした大豆使用量のうち，国産大豆使用比率は，農林水産省資料「大豆をめぐる事情　平成27年8月」によれば，2013年時点で23％（10万6千トン）と推計されている．一方，図2-4は，納豆における原料大豆の使用量の推移を示したものである．一

(18)

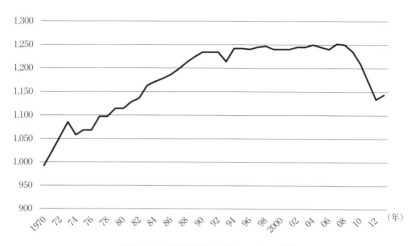

図 2-1 豆腐製造量(千トン)の推移

資料:農林水産省『食料需給表』より作成.

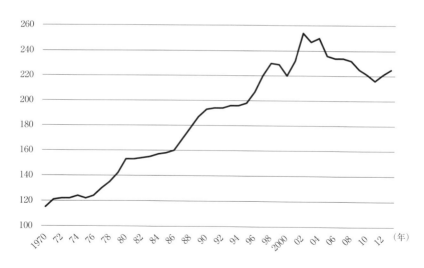

図 2-2 納豆製造量(千トン)の推移

資料:農林水産省『食料需給表』より作成.

第 2 章　豆腐製造業と納豆製造業における原料大豆の品質ニーズと国産大豆に対する評価　　（19）

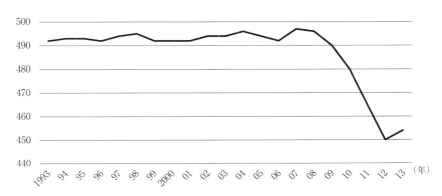

図 2-3　豆腐・油揚げ製造業における大豆使用量（千トン）

資料：農林水産省ホームページの「大豆のホームページ」に掲載されているデータをもとに作成.

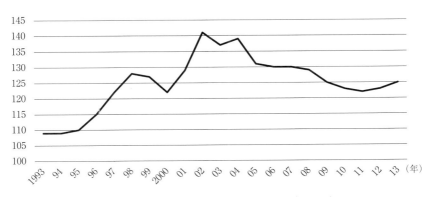

図 2-4　納豆製造業における大豆使用量（千トン）

資料：農林水産省ホームページの「大豆のホームページ」に掲載されているデータをもとに作成.

時的に減少するときはあったものの，2002年まで増加傾向が続き，その後3年間は14万トン前後で推移していたが，2005年以降減少傾向となり，2013年時点で12万5千トン使用されている．2013年における国産大豆使用比率は，上記資料によれば，26％（3万2千トン）と推計されている．

次に，企業数や事業所数の推移であるが，両産業の比較ができる共通の資料として，厚生労働省の「衛生行政報告例」における営業許可施設数が挙げられる．図2-5は，1997年から2013年までの豆腐における営業許可施設数の推移を表しているが，1997年時点では1万6,804であったが，2013年には8,518と概ね半減しており，急激に営業許可施設数が減少している．一方，納豆製造に関わる営業許可施設数については，図2-6に示している．1997年時点では719施設あったものが，2013年時点では580施設まで減少しており，豆腐ほどの大きな減少ではないものの，この15年近くで140ほど減少している．

これら営業許可施設数は，図2-1や図2-2に示した各産業の製造量の減少が始まる前から減少し続けており，このことは，販売集中が進展していることを示唆している．そこで，最後に，産業の集中度について見てみる．

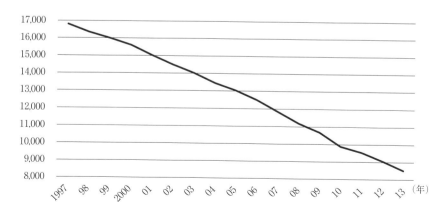

図2-5　豆腐製造業における営業許可施設数

資料：厚生労働省『衛生行政報告例』より作成．

第2章　豆腐製造業と納豆製造業における原料大豆の品質ニーズと国産大豆に対する評価　　（21）

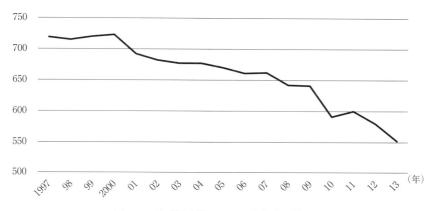

図2-6　納豆製造業における営業許可施設数
資料：厚生労働省『衛生行政報告例』より作成．

　集中度については，経済産業省「工業統計調査」の企業統計編のデータが参考になると考えられるが，「工業統計調査」では，大豆加工食品に関しては，豆腐，醤油，味噌の3品目について調査されており，納豆は調査されていない．そのため，納豆については，代替的に日刊経済通信社の『酒類食品産業の生産・販売シェア』のデータを用いて，販売集中度を計算する．なお，『酒類食品産業の生産・販売シェア』の調査においては，豆腐は対象となってない．

　表2-1は，豆腐および納豆の上位3社のシェア合計と出荷金額もしくは販売金額合計の推移を表したものである．調査手法が異なるので，厳密な比較はできないが，①両産業ともに上位3社への販売集中が進展していること，②豆腐に比べ納豆においては販売集中が顕著に進んでいることだけは指摘できよう．

　このように豆腐よりも納豆において販売集中が進んでいる要因として，第1に，充填豆腐を除けば，豆腐は崩れやすく長距離輸送に向かないのに比べ，納豆は長距離輸送をしても商品の品質に与える影響は少なく，1つの工場から広域に流通可能なため，工場の大規模化を進めて広域流通を実現しやすい特性を備えていることが考えられる．第2に，豆腐の方が嗜好に関する地域性が顕著

表 2-1　豆腐, 納豆製造業における上位 3 社シェア合計および
3 社合計出荷金額・販売金額の推移

(年)	豆腐		納豆	
	3社シェア合計 (%)	出荷金額 3社計 (百万円)	3社シェア合計	販売金額 3社計
2002	6.8	22,952	52.6	58,660
03	6.9	23,071	53.2	58,680
04	7.6	25,103	54.1	60,267
05	8.3	26,562	57.6	62,208
06	8.4	26,456	61.4	65,821
07	9.3	27,920	60.4	62,152
08	9.6	28,543	62.9	63,403
09	9.3	28,801	72.7	64,121
10	9.0	27,221	80.6	64,121

資料：豆腐については, 工業統計調査「企業統計編」. 納豆については, 日刊経済通信社『酒類食品産業の生産・販売シェア』.

であり，豆腐の堅さや1丁当たりの重さ，形状などが地域により異なるが（添田［2004］），納豆においては嗜好の地域性は基本的にタレを変えることで対応できるので，製造ラインにおいて地域性をあまり考慮することなく大量生産しやすい食品であることが考えられる．このことは，第4章で述べるように，納豆産業では上位企業が80年代後半から西日本に工場・営業所を建設し西日本の消費者の嗜好に合うようタレの甘みを強くした製品などを開発することで，西日本での売り上げを伸ばしていった事実からもうかがえる．

第 2 節　豆腐製造業と納豆製造業における原料大豆の品質ニーズ

1. 調査対象企業の概要

第1節で述べたように，両産業で販売集中が進展していることから，各産業の販売額上位の大手メーカーと，中小メーカーからそれぞれ数社を選び聞き取り調査を実施した（2006年実施）．調査対象企業は，豆腐あるいは納豆を製造している6社であり，本節では，原料大豆の品質ニーズに関する調査結果につい

第2章　豆腐製造業と納豆製造業における原料大豆の品質ニーズと国産大豆に対する評価　(23)

て述べる．

　調査対象企業の概要は，表2-2のとおりである．また，これら6社の商品数を表2-3に示している．

　A社は納豆製造業において販売額1位の企業で（2006年時），表2-3にあるように，その商品は国産大豆を使用したものは少なく，タレに工夫を加えたり，食物繊維など栄養成分を添加した商品が近年増えてきている．売り上げに占める国産大豆使用商品の割合は，納豆で2％，豆腐で3％程度である．

　B社は，豆腐製造の大手企業であり，納豆においても販売額9位となっている（同上）．豆腐，納豆とも国産大豆を使用した商品が多いのが特徴である．

　C社は納豆販売額3位であり（同上），国産大豆や海外産有機栽培大豆を使った商品の開発に積極的であり，売り上げの半分は国産大豆や有機栽培大豆を使った納豆で占められている．

　D社は中小規模の豆腐製造業者であるが，国産大豆の年間使用量は大豆使用量全体の5％程度（約400トン）と少なく，輸入大豆を使った商品が主力である．

　E社は納豆よりも豆腐の売り上げが大きいメーカーであるが，全国納豆鑑評

表2-2　調査対象企業の概要

会社名	製造品目	売上（億円）		従業員数（パート・アルバイト含む）	工場数		本社所在地
		納豆	豆腐				
A社	納豆，豆腐	400	80	1,700	10	納豆：6，納豆協力工場：2，豆腐：2	茨城県
B社	豆腐，油揚げ，納豆	21.4	150（油揚げ等も含む）	968	6		青森県
C社	納豆	120		320	10	うち協力工場：6	栃木県
D社	豆腐，油揚げ		33.6（うち油揚げ：9.6）	273	1		神奈川県
E社	豆腐，納豆	6	24	220	2		栃木県
F社	納豆	2.3		30	1		東京都

資料：聞き取り調査および各社のホームページに記載された情報をもとに作成．
注：売上等のデータは，調査時点（2006年）の数値である．

表 2-3 調査対象企業の商品数

会社名	商品数			うち国産大豆使用商品数		
	納豆[1]	豆腐[2]	その他[3]	納豆	豆腐	その他
A社	19	6	3	2	3	0
B社	8	17	17	4	7	4
C社	21			7		
D社		28	9		2	0
E社	7	14	7	6	5	0
F社	18		3	18		3

資料:聞き取り調査および各社のホームページに記載された情報をもとに作成(2006年時点).
注:1)同じ商品名でも,カップ容器とトレー容器では異なる商品として計上している.
    2)同じ商品名でも,絹と木綿では異なる商品として計上している.
    3)油揚げ,テンペ,豆乳などを含む.

会において最優秀賞を受賞したことのある納豆を製造するなど,価格は高めだが品質を重視した商品を製造している.国産大豆の使用については積極的で,工場周囲の農地で原料大豆を作付することを検討している.

F社は,原料大豆の全量が国産の納豆メーカーであり(表2-3),茨城県金砂郷町の生産者から現地の集荷業者を介して納豆小粒を購入したり,北海道の大豆生産組合と契約栽培を行うなど,社長自ら産地に出向いて大豆生産者とのコミュニケーションを大事にして,原料調達を行っている.F社におけるこうした大豆産地との関わりについては,第3章の事例分析で詳述する.

2. 原料大豆に対する品質ニーズ

原料大豆の品質に対するニーズは,表2-4と表2-5にまとめたとおりである.

まず,豆腐製造における大豆の品質ニーズ(表2-4)であるが,成分については凝固の観点からタンパク含量が最低35～42%欲しいという回答が出された.粒の大きさについては,歩留まりの観点からは大粒が望まれているが,B社の回答にあるように,使用する機械の特性から中粒を望むメーカーもいる.

また,4社のうち3社から,裂皮粒が好ましくない品質として挙げられた.

第2章　豆腐製造業と納豆製造業における原料大豆の品質ニーズと国産大豆に対する評価

表2-4　豆腐製造における大豆に対する品質ニーズ

会社名	品質ニーズ	その理由
A社	1. タンパク含量は最低42％欲しい． 2. 裂皮率は15％以下 3. 粒大は大粒	【裂皮について】 裂皮により，保管している最中に劣化が進むためか，豆腐の固まり具合が悪くなってしまう．
B社	1. タンパク含量は最低35％欲しい． 2. 紫斑粒は問題にならない．裂皮については，大豆浸漬時の成分溶出の問題があり，好ましくない． 3. 粒大は中粒	【粒大について】 豆腐では，今の製造機械は輸入大豆に合わせた機械であり，そうなると中粒の方が機械に適している．歩留まりを考えると大粒の方が良いが，機械の問題と，皮切れの問題の点から，中粒の方が良い．
D社	タンパク含量は最低35～36％欲しい	
E社	1. タンパク含量40％以上．糖質は24％以上． 2. 裂皮粒は保管している際の傷みが早いので，豆腐にしろ納豆にしろ，あまり用いたくない． 3. 粒大は中粒以上	

資料：聞き取り調査をもとに作成．

その理由として，「保管している際の傷みが早い」（A社およびE社），「大豆浸漬時の成分溶出が問題」（B社）ということが挙げられた．

次に，納豆製造における大豆の品質ニーズ（表2-5）についてであるが，成分については，「脂質20％以下」（C社），「糖質25％以上」（E社）といった回答があったが，それ以外のメーカーは「気にしていない」との回答だった．その理由として，「豆腐と違い，納豆は発酵という過程があり，成分がこれくらいだと良い納豆ができるというはっきりしたものが分からない」（F社）といった意見が出された．

表2-5 納豆製造における大豆に対する品質ニーズ

会社名	品質ニーズ	その理由
A社	1. 砂をかむような食感をもたらす「チロシン」という物質が，出荷して10日以内に出てくるような品種は使用しない． 2. 裂皮率は10％以下 3. 粒大は極小粒	【裂皮について】 納豆においては，裂皮していると煮豆をパックに充填する際に，皮がむけてベタツキを生じ，充填機が詰まってしまうことがある．原料大豆のうち15％も裂皮があると，このような問題を生じやすい．
B社	粒大は，おいしさの点から小粒か中粒	
C社	1. 脂質は20％以下が良い． 2. 裂皮率は10％以下が良い． 3. 粒大は小さい方が良い．	【裂皮について】 裂皮していると製造過程で皮がむけてきて，豆が砕けることがある．そうなると，納豆菌の繁殖にとって良くない． 【粒大について】 消費者は，小さい方が「食べやすいからおいしい」と感じているみたいだ．豆の味というよりは，食べやすさがおいしさの要因として重要と思われる．
E社	糖質は25％以上	
F社	粒大は小粒，極小粒	

資料：聞き取り調査をもとに作成．

　粒の大きさについては，多くのメーカーが食べやすさという点から小粒や極小粒を望んでいる．一方，好ましくない品質として，A，Cの納豆大手2社がともに裂皮を挙げていた．A社によれば，裂皮粒は選別機で除去できず，裂皮粒が15％程度混入していると，煮豆をパックに充填する際に皮がむけてベタツキを生じ，充填機が詰まってしまうのが問題であり，輸入大豆の調達にお

いては裂皮率10％以下という条件を設けている．C 社は，裂皮粒は製造過程で砕けることがあり，そうなると納豆菌の繁殖にとって良くないことを問題視していた．

第3節　国産大豆に対する豆腐製造業者と納豆製造業者の評価

次に，これら6社に対して実施した，国産大豆に対する大豆加工メーカーの評価結果について述べる．

まず，調査対象6社について，国産大豆で使用している品種（2006年時点）をまとめたのが，表2-6である．今回の調査対象企業に限って言えば，豆腐よりも納豆において，さまざまな品種が使われていることが分かる．前章の品質ニーズで述べたように，豆腐におけるタンパク含量のように，納豆製造において重要となる成分が必ずしも決まっておらず，作ってみないと納豆としてどのような風味になるか分からないことから，調査対象の納豆メーカーとしては，さまざまな品種で納豆を試作し，その結果，商品のバラエティが増えているものと考えられる．また，ニーズとしては小粒大豆が挙げられていたが，嗜好の

表2-6　調査対象企業における国産大豆の使用品種・品種群銘柄

会社名	豆腐用	納豆用
A社	トヨコマチ，トヨホマレ等	九州産
B社	とよまさり等	光黒大豆，おおすず，ナンブシロメ，とよまさり
C社		納豆小粒，スズマル，黒千石等
D社	フクユタカ	
E社	たまうらら	とよまさり，スズユタカ，スズマル
F社		納豆小粒，トヨホマレ，スズマル，栃木県産在来種

資料：聞き取り調査をもとに作成．

多様性に対応するため大粒大豆を使った納豆も販売されている．

　国産大豆および輸入大豆それぞれの長所と短所について，6社から挙げられた意見をまとめたのが，表2-7である．まず，国産大豆の長所としては，「味が良い」「産地にすぐ行ける」などに加え，「異物が少ない」といった意見が出されたが，国産大豆の方が異物が多いと答えた企業もあり，どこの産地の大豆をどのようなルートで購入するかで，異物混入の程度は変わってくると考えられる．

　一方，国産大豆の短所としては，「同一産地の大豆であっても，品質のばらつきが大きい」といった意見とともに，多くのメーカーから「農薬の使用履歴が不透明」という意見が出された[1]．商品の安全性に何か問題が起きたときに，たとえ原料に問題の原因があったとしても，その商品を製造・販売したメーカーが矢面に立つことになり，商品の回収や一時製造・販売停止になるなど，莫大なコストがかかることになる．そのため，加工メーカーは，きちんと安全性が担保されている原料を調達したいと考えており，その点において，国産大豆よりは輸入大豆の方が生産履歴をきちんと提出してくれるので，安心して使用できるというメリットがある．さらに，輸入大豆の方が希望数量どおり調達できるので，製造・販売計画が立てやすいのもメリットといえる．以上より，原料の安全性の保証，および数量の安定的確保という点で，国産大豆よりは，輸入大豆の方が優れているといえる．

　さらに，国産大豆の短所として，多くの企業から，大豆入札制度およびJAとの契約栽培に関する問題点が指摘された．まず，入札制度については，実際に落札して現物を見るまでは品質が分からないということであり，これは大豆を使用するメーカーにとっても問題であるが，大豆生産者にとっても品質に対して適正な値付けがされないため，品質向上に対するインセンティブがないという点で問題といえる．

　また，JAとの契約栽培については，購入価格が落札価格に連動して決まるため契約時点（播種前）で不確定であること，落札価格にプレミア価格が上乗せされて購入することに納得がいかない，実際に希望数量を入手できるかどう

表2-7　国産大豆と輸入大豆の長所・短所

	国産大豆	輸入大豆
長所	・味が良い． ・産地にすぐ行ける． ・異物（ホコリ）が少ない．	・安定して数量を確保できる． ・使用した農薬のリストをすぐに提示してくれる． ・契約どおりに納品してくれる．
短所	・同一産地の大豆であっても，品質のばらつきが大きい． ・JA段階での選別が悪いせいか，歩留まりが悪い．小豆や黒大豆といった異物や，紫斑粒が混じっていることが多い． ・農薬の使用履歴が不透明． ・日本では，北海道と九州が大産地であり，これら2つの地域が不作だと，数量確保が困難となり，価格も高騰しやすい． ＜大豆入札制度について＞ ・入札制度において，落札してからでないと品質が分からないのは問題である．品質が分かった上で入札しないことには，良品質の大豆に対して高い価格がつかず，結果として，品質の高い大豆を生産している農業者が報われないことになる（品質向上のインセンティブがない）． ・落札最低価格の存在など，入札制度において不透明な部分が多い． ＜JAとの契約栽培について＞ ・JAとの契約栽培において，価格が契約時点で不確定なのは問題．購入価格は落札価格を反映することになるので，入札が始まってみないと購入価格が分からない． ・播種前に事前購入契約を結んでいるにもかかわらず，契約栽培で購入すると落札価格に加えてプレミアム価格を上乗せされることになるが，このような上乗せは商慣行としておかしいのでは． ・現在の契約栽培は，「作付面積」を取り決めるものであり，このような面積についての契約では，最終的に入手できる数量の目途が立たない．	・裂皮しやすい． ・アメリカにおいて，GMO大豆の作付が拡大しており，Non-GMO大豆の今後の値上がりが懸念される．

資料：聞き取り調査をもとに作成．

かは契約時点で分からないといった問題点が指摘された．

　以上，国産大豆に対する豆腐製造業者と納豆製造業者の評価を，輸入大豆と対比しながら見てきたが，数量の安定的確保および生産履歴の明確さという点で，輸入大豆の方が原料としての望ましい要素を備えているといえる．それでも，加工メーカーが国産大豆を使用するのは，食味が優れている，輸入大豆よりは国産大豆を嗜好する消費者が一定数存在する，他社商品との差別化，あるいは地産地消の推進といった理由が挙げられる．

　さらに，国産大豆の利点の1つに，産地にすぐ行ける，産地との距離が近いということが挙げられたが（表2-7），こうした距離の近さを活用して，大豆生産者と顔を合わせコミュニケーションを重ねることで，品質の不確実性の解消や，自社の原料大豆ニーズに則した栽培管理や品種の生産などが可能になると考えられる．

　次章においては，このような大豆生産者とのコミュニケーションを密にし，直接取引や契約栽培を進めて，自社のニーズに即した大豆の栽培を依頼したり，地域の特産品となり得る豆腐や納豆を生産者と連携して開発する加工メーカーの事例について述べる．

第4節　まとめ

　以上，本節では，豆腐製造業と納豆製造業における原料大豆の品質ニーズ，および国産大豆に対する評価について述べてきた．

　原料大豆に対する品質ニーズについては，豆腐では，タンパク含量は最低35～42％，粒大については大粒ないし中粒が望まれ，納豆では，粒大については小粒や極小粒が望ましいが，成分については気にしていないという意見が多く聞かれた．そして，両産業ともに，好ましくない品質として裂皮粒が挙げられた．その理由としては，保管時の品質劣化が早い，煮豆をパックへ充填する際に大豆の皮がむけて充填機を詰まらせる恐れがある，などが指摘された．企業によっては，大豆調達の際の品質条件として，裂皮率10％以下といった具

体的な条件を設けているところもあった．

　国産大豆に対する評価については，長所として，「味が良い」「産地にすぐ行ける」などが挙げられたが，調査対象各社からは短所のほうが多く挙がり，同一産地内の品質のばらつきの大きさや選別の悪さに加え，多くのメーカーが「農薬の使用履歴が不透明」を問題視していた．また，大豆入札制度やJAとの契約栽培に関しても問題点が指摘され，「実際に落札して現物を見るまでは品質が分からない」「契約栽培では購入価格が落札価格に連動して決まるため契約時点で不確定である」などの意見が挙げられた．

　総合的に見れば，数量の安定的確保および生産履歴の明確さという点で，国産大豆よりは輸入大豆の方が原料としての望ましい要素を備えているといえる．しかしながら，食味の良さや，国産大豆を嗜好する消費者の存在，地産地消の推進といった理由で，国産大豆は需要されており，輸入大豆のメリットである数量の安定性と生産履歴の明確さを備えることで，国産大豆に対する需要は増大するものと思われる．

　また，国産大豆の利点の1つである産地との距離の近さを活用して，大豆生産者と顔を合わせコミュニケーションを重ねることで，品質の不確実性の解消や，自社の原料大豆ニーズに即した栽培管理や品種の生産などが可能になると考えられ，このような関係性を実現できる直接取引や契約栽培の推進も，国産大豆の需要拡大に資すると考えられる．

注

1) 調査を実施した2006年時点では，残留農薬のポジティブリスト制度（2006年5月29日施行）が導入されたばかりであり，まだ残留農薬に対する不安が大きかったものと思われる．農薬の使用履歴が不透明という問題は，現状では改善されている可能性がある．

第3章　国産大豆の直接取引・契約栽培に関する事例分析

本章では，まず第1節において，国産大豆の流通の概要を述べる．そして，流通の全体像のなかで，第2節以降で取り上げる大豆生産者と大豆加工メーカー間の直接取引や契約栽培の特徴を確認する．第2節，第3節では，豆腐製造業者3事例，納豆製造業者2事例を取り上げ，直接取引・契約栽培の実態を述べる．そして，第4節では，直接取引事例において，従来問屋が担っている機能を大豆生産者と大豆加工メーカーとでどのように分担しているのかを述べる．

第1節　国産大豆流通の概要

図3-1は，国産大豆の流通経路を表したものである．国産大豆の流通は，①JA等に販売委託されるもの，②生産者が大豆加工メーカーに直接販売するもの（直接取引），③集荷業者等が生産者から買い付けて，大豆加工メーカーに販売されるものに分かれる．このうち，JA等に販売委託されて問屋経由で流通するものが2013年産で8割程度（農林水産省「大豆をめぐる事情　平成27年8月」参照）であり，国産大豆流通においてはJAや問屋が主要な役割を担っている．

このように，多くの大豆がJA等への販売委託により販売されているのは，2006年度末に廃止された大豆交付金制度の下，JA等に販売委託することが助成金受給の要件だったことが大きく影響していると考えられる．しかしながら，水田・畑作経営所得安定対策以降，大豆作にかかわる収入補填の助成金は，産地銘柄品種であることを前提に，①播種前契約を結ぶ，②農産物検査を受けるという2つの要件を満たせば，JA等に販売委託しなくても受給でき

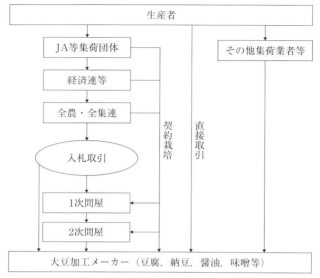

図 3-1　国産大豆の流通経路
資料：農林水産省「大豆をめぐる事情　平成 27 年 8 月」に掲載されている図を加筆・修正．

こととなった．そのため，直接取引に取り組むに当たっての制度的なハードルは低くなったといえる．

　JA 等に販売委託される大豆は，①入札取引，②契約栽培，③相対取引の 3 つの形態で問屋や大豆加工メーカーへ販売される．契約栽培については，契約の受け手は多くの場合，全国団体（全農もしくは全集連）であり，JA や経済連が受け手になることはまれである．今回調査したある大豆加工メーカーの話によれば，契約の受け手が全農の場合，大豆の供給先について生産者レベルまで限定することはできず，せいぜい「その生産者が所属する JA の大豆」というレベルまでしか限定できない．そのため，生産者の中でも，選別がきちんとしている人とそうでない人がいて，きちんと選別している生産者の大豆を欲しくても，常時その生産者の大豆が手に入るわけではない．また，第 2 章で述べたように，契約栽培による購入価格は，当該年産・銘柄の落札平均価格に連動し

て決まる．そのため，播種前契約時点では最終的な購入価格がいくらになるのかは分からない．

このように，契約栽培と直接取引は，契約主体が誰か，特定の生産者の大豆が確実に調達できるか否か，播種前契約時点で購入価格を決められるかどうか等の点で大きく異なる．第2節以降では，これら2つの取引形態の実態について述べるとともに，これらの取引をとおして，大豆生産者と大豆加工メーカーがどのようにコミュニケーションして，相互理解を深めているのかについても述べる．

表3-1は，今回取り上げる5つの事例をまとめたものであるが，豆腐製造業者は3事例（G社，H社，I社），納豆製造業者は2事例（F社，J社）取り上げる．

第2節　豆腐製造業者における直接取引・契約栽培の事例[1]

1．京都府長岡京市の豆腐製造業者G社における調達事例[2]

京都府長岡京市にある豆腐製造業者G社は，年間の大豆使用量は30トンで，すべて国産かつ無農薬栽培の大豆である．原料大豆の60％である約24トンを滋賀県にあるGA農場から問屋を介さずに直接取引で購入している．取引先のGA農場は，水稲30ha，大豆（ことゆたか，オオツル，丹波黒等）10ha等を栽培するとともに，味噌の加工等を行っている．

G社がGA農場と取引している品種は，「ことゆたか」と「オオツル」で，その他の原料大豆については，問屋から産地や生産者を指定して購入している．G社は商品を工場に併設された直売所やインターネットで直接販売するとともに，量販店では販売せず，自然食品系の店や地元生協等で販売している．

G社とGA農場は，それぞれの商品の販売先である京都の流通業者を介して知り合った．GA農場はこの流通業者に米を出荷している．G社とGA農場は保管場所と輸送の問題があったので，当初は問屋を介して取引を始めたが，保管場所については流通業者が新たに建築した米の低温倉庫をG社が費用負担することで借りることができ[3]，また輸送についてはGA農場の代表が引き受

表3-1 本書で取り上げる契約栽培・直接取引事例一覧

	G社(京都府)	H社(三重県)	I社(岐阜県)	F社(東京都)	J社(長野県)
調査年	2008年	2009.10年	2011.12年	2006.08.14年	2012.13.14.15年
年間大豆使用量(トン)	30	178	300	100	100
原料大豆の産地別構成(下線は対象事例)	GA農場(60%)、北海道産(25%)、石川県の法人(15%)	アメリカ産(40%)、三重県産(40%)、HA営農組合(20%)	地元および近隣JA法人(17%)、IA営農組合(2%)、HA営農組合(数%)、その他(カナダ産、中国産)	FB大豆生産組合(約90%)、その他グループ(数%)など	IB農場(30%)、JC農場(数%)、その他(北海道産な長野県県産(60%)など)
今回取り上げた大豆産地との取引概要	取引相手	GA農場(滋賀県)	HA営農組合(三重県)	IA営農組合(岐阜県)	北海道のFB大豆生産組合	茨城県の生産者のFBルーブ	JB農場(長野県)	JC農場(長野県)
	取引形態	直接取引	JAを介した契約栽培	2010年産はJAを介した契約栽培、2011年より直接取引	JAを介した契約栽培	生産者を取りまとめている穀物商との取引	JAを介した契約栽培	直接取引
	取引開始年	2005年	1998年	2010年	2000年	1989年	1997年	2013年
	取引品種	ことゆたか、オオツル	フクユタカ、在来種大豆	フクユタカ	スズマル、ユキシズカ、トヨホマレ、ユキホマレ、祝い黒など	納豆小粒	すずろまん、ナカセンナリ	すずはまれ
	取引数量	24トン	34トン	7トン	90トン(約半数は「スズマル」)	10トン	30トン	豆腐製造業者の使用分合わせて30トン(J社使用分は数トン程度)
	取引価格(円/60kg)	20,000円	18,000円	13,000円	落札価格+契約栽培によるプレミアム+特別栽培のプレミアム+JA手数料	24,000円(生産者の手取りは約20,000円)	落札価格+契約栽培によるプレミアム+特別栽培のプレミアム+JA手数料	9,800円
	品質に関する決まり・要望	無農薬栽培	除草剤は使わない	種と消毒を控えてもらい、除草剤の散布は1回のみ	除草剤の使用は慣行栽培の半分程度	無農薬栽培	特別栽培(農薬の使用は原則2剤まで)	特別栽培

資料：聞き取り調査をもとに作成.
注：数値はすべて調査年の最新時点のものである.

けることになったので，2005年より直接取引へと移行した．

　直接取引に移行した際，取引価格はGA農場が提示し，60kg当たり2万円で取引することになったが，GA農場にとってはこの価格はこれまでの大豆販売価格に大豆交付金を上乗せした水準を満たすものである．一方で，G社にとっては問屋を介するより3,000円安く購入できるようになり，直接取引に移行したおかげで，価格面ではどちらにとっても有利な取引となった．

　このように，問屋を介さずに，大豆生産者と加工メーカーが直接取引を行うには，問屋が担っている①輸送，②保管の機能をいずれかの主体が担う必要がある．また，これら以外に，③選別，④金融（代金決済）の機能についても，両者が話し合い解決する必要がある．①輸送は，原料大豆を産地から保管場所あるいは加工メーカーまで必要な時に運ぶ機能であり，②保管は，原料大豆を適切な温度や湿度で保管する機能である．③選別は，収穫された大豆から異物や腐敗した豆等を取り除き，粒の大きさを揃えるなど，原料大豆の品質や規格を揃える作業である．④金融機能については，大豆加工メーカーが問屋から大豆を購入する時は代金後払いが一般的であり，このことは運転資金の立替という金融機能を問屋が担っていることを意味している[4]．

　G社とGA農場の事例においては，輸送はGA農場の代表が年内のうちに数回に分けて行い，保管については双方の出荷先である京都府の流通業者の低温倉庫をG社の費用負担で借りることで解決した．また，選別については，直接取引を始めた当初は選別が雑だとG社は感じていたが，具体的に要求を伝えることで，現在は選別の問題も解決されている．金融機能については，G社からGA農場への支払を4月ころまでに2〜3回に分けて済ませることで，G社側の運転資金の問題を解決している．

　このように直接取引を行うことで2社の間のコミュニケーションも密になり，GA農場が豆腐に適した品種ことゆたかを2007年に紹介し，G社からの評価が高かったので，2008年産から作付面積を拡大している．一方，G社のホームページには使用している大豆についての情報が掲載されており，GA農場の名前や取引している品種名が明記されている．G社の主要な販売先は生協

であるが，そういった販売先の関係者を GA 農場の圃場に案内することで，取引先からの信頼を得ている．

2. 三重県松阪市の豆腐製造業者 H 社における調達事例[5]

　三重県松阪市にある豆腐メーカー H 社は，三重県産大豆を主たる原料としており，地元の HA 営農組合から原料大豆の約 2 割に当たる 30 トン前後を購入している．

　この HA 営農組合は 1998 年 7 月に任意組織として設立され，2009 年 4 月に株式会社化した集落営農組織であり，2008 年における経営面積は約 34ha（水田 27ha，畑 7ha）となっている．栽培品目の内訳は，大豆 20ha，水稲 13ha，野菜 40a で，収穫された大豆は全量（約 30 トン），H 社に販売されている．

　HA 営農組合は農産物直売所を運営（売り上げ約 5 千万円）しており，「商売のことはプロに任せた方がいい」との考えで，HA 営農組合の執行役員として H 社の代表が，店長を務めている．

　H 社が HA 営農組合から購入している大豆は，フクユタカと在来種大豆で，取引価格はともに 60kg 当たり 1 万 8,000 円である．大豆の栽培においては，無化学肥料で除草剤は使わないよう営農組合に依頼している．

　2 者間での大豆取引の仕組みであるが，生産委託を開始した 1998 年当時，大豆は交付金制度下にあった．しかし，一定の収益性が確保できなければ営農組合が大豆を生産する誘因は生じない．そのため，H 社の代表自ら大豆を栽培してその経費水準も把握していたことから，大豆作の生産費を賄う水準として 300 円/kg の買入れ価格を設定した．そして，交付金対象大豆であるから商流として JA や問屋（県内に所在）は通すが，営農組合の大豆そのものは H 社に届けられるシステムとした．そして，収穫後に H 社は営農組合に 300 円/kg の販売代金を支払うとともに，問屋にも，その時々の入札価格に応じた大豆代金を支払う．一方で，営農組合は，大豆交付金と精算金が入金されたら H 社に支払うという方式で取引を開始したのである．このような方式としたのは，希望する品種を作付ける地元の営農組合の大豆を用いた豆腐が製造販売でき，

かつ，営農組合も大豆生産を継続できる仕組みを構築したかったからである．

交付金制度の下でこのような方式がとられてきたのであるが，2007年産からの水田・畑作経営所得安定対策への移行（大豆交付金制度の廃止）に伴い直接支払い（固定払，成績払）となったため，政府からの助成金の交付方法が大きく変わった．そのため，当初は混乱もあったが，交付金制度廃止後も上記と同様の方式が継続されている．

H社の商品販売チャネルは，三重県を中心に立地しているスーパー以外に，自社工場に併設された店舗（売り上げの10％を販売）やインターネットによる直接販売，さらにHA営農組合の直売所である．また，H社は工場併設の店舗で，豆腐作り教室も行っている．

H社の代表は，HA営農組合との取引を開始した当初は，地場産大豆の活用による自社の差別化のことだけを念頭に置いていた．しかし，HA営農組合の執行役員となり，地域農業のことを考える機会が増えるにつれ，地域農業を存続させ，さらには地域の若い人の就職先を作るためには，農業をベースにした地域経済の活性化の必要性を感じるようになった．

そして，H社の代表は，立地する地域の景観や農産物の良さをアピールすることで，地域のブランド化を図ろうとしている．そこで，地域外の住民に地元に足を運んでもらうために，2006年よりHA営農組合の圃場で枝豆の収穫体験を開催した．2009年には参加者が約1,300人に達し，これにより手ごたえを感じたので，2010年より，野菜等の収穫体験を月に1回定期的に行っている．今後は，遊休農地の有効利用として，市民農園の開設を進めることを計画している．

3．岐阜県揖斐川町の豆腐製造業者I社における調達事例[6]

岐阜県揖斐郡揖斐川町にある豆腐メーカーI社は，地元や近隣のJAから使用する大豆の約半分を購入するとともに，揖斐川町のIA営農組合から直接取引により原料大豆（フクユタカ）を購入している．IA営農組合の経営面積は200haで，水稲，小麦，大豆を栽培している．大豆の作付面積は約70haであ

る．

　IA営農組合については，JAから紹介してもらい，2010年産からJAを介した契約栽培により取引を開始したが，2011年産から直接取引へと移行した．直接取引へ移行することで，栽培する圃場を特定することができ，種子消毒は控える，あるいは，除草剤の散布は1回に抑えるといった要望が通るようになった．2011年産については4haの契約で，想定単収を180kg/10aとしており，約7トンの収穫を見込んでいる．取引価格は60kg当たり1万3,000円である．なお，IA営農組合は畑作物の所得補償交付金（当時）を受給しており，I社への販売代金以外に60kg当たり1万1,310円の助成金収入がある．

　I社の商品販売チャネルは，生協（60％），岐阜県を中心に展開するスーパーや揖斐川町のスーパー（30％）であり，残り10％は道の駅や自社工場に併設された直売所での販売である．同町にある道の駅にはI社専用のブースがあり，IA営農組合の大豆を使った商品は，主にこのブースで販売されている．

　この道の駅で，2010年11月にI社の代表らが実行委員を務めて，地元の食材を活用した食品コンクールを開催した．そして，その後，この実行委員のメンバーで地域の特産品の開発・販売を主たる事業とするIB社を2011年3月14日に設立するに至った．IB社のコンセプトは，「工場誘致等の外部要因に頼らない地域経済の活性化」であり，地域資源を活用した特産品を開発し，それを販売していく過程で地域のブランド化を図ろうとしている．

　IB社のメンバーは，I社，こんにゃく製造業者，花の小売店，飲食サービス業者2社，町営施設の運営等を行う財団法人，農器具販売業者の7社である．IB社の代表は，もともとI社の社員であり，IB社の事務所はI社の中に置かれている．

　揖斐川町には，サワアザミやネコノヒゲ（クミスクチン）等の薬草が自生しており，IB社はそれら薬草を利用した商品開発を現在重点的に行っている．また，メンバー間の商品を組み合わせることも進めており，例えばI社の湯葉と飲食サービス業者のお寿司を組み合わせた湯葉巻き寿司を考案し，道の駅等で販売している．

IB 社としての商品販売チャネルとして，2011 年 7 月にオープンした隣町の道の駅に，IB 社のアンテナショップを開店し，そこでメンバー企業の商品を販売している．また，2011 年 5 月には，第 2 回の地元食材による食品コンクールを IB 社が主体となって開催しており，このようなイベントにより地域外の住民が揖斐川町を訪れるきっかけを作っている．さらに，IB 社は，同町の農業後継者に対しメンバーに入ってもらう働きかけをしているが，それが実現に至らない場合には IB 社が農地を保有して，野菜の生産や収穫体験等を行うことも視野に入れている．

第 3 節　納豆製造業者における直接取引・契約栽培の事例

1. 東京都府中市の納豆製造業者 F 社における調達事例[7]

　東京都府中市にある納豆メーカー F 社（第 2 章で記載された F 社と同一企業）は，「日本の農業を応援する」「消費者や生産者との信頼関係を大切にする」などの企業方針のもと，原料大豆は国産のみであり，年間の大豆使用量は 2013 年時点で 100 トンである．そして，原料大豆の約 9 割（90 トン）を北海道の FA 農協に属する FB 大豆生産組合から FA 農協を介した契約栽培により購入し，残りは茨城県の大豆生産者などから購入している．F 社の販売チャネルは，高級スーパーや生協が主であり，その他に工場に併設された店舗やインターネットでの直接販売が挙げられる．

　F 社は国産大豆しか使用していないため，国産大豆の数量の不安定性に強く影響を受けると考えられるが，原料大豆の管理・利用については次のような工夫を行っている．まず，前年産のものは FA 農協の倉庫に保管し，前々年産の大豆を使って納豆を製造している．そして，前々年産のものがなくなり次第，前年産のものを運んで用いている．このように，いずれの品種においても，必ず 1 年分の原料をストックするようにしている．

　F 社は，FB 大豆生産組合との契約栽培以前は，北海道内の他の大豆生産者と契約栽培を行っていたが，その生産者は水田転換畑で大豆を栽培していて，

F社の社長はそれほど食味を評価していなかった．その後，道内の普及指導員から畑地で大豆生産を行っているFB大豆生産組合を紹介され，その大豆で納豆を試作したところ，おいしい納豆ができたため，道内での契約先をFB大豆生産組合に切り替えることにした．現在，FB大豆生産組合との取引品種は，「スズマル」「ユキシズカ」「トヨホマレ」などである．なお，FB大豆生産組合の大豆栽培面積は，2009年時点で57haであり，品種別ではスズマル24ha，ユキシズカ10ha，トヨホマレ20ha等となっている．

　契約栽培の年間の流れとしては，毎年11～12月にF社が翌年産大豆の希望数量をFA農協に連絡する．農薬の使用については，除草剤は播種前に1回だけ使用し，病害虫の防除に関する農薬使用については，慣行栽培の半分程度にするよう要望している．そして，このような特別栽培に対しプレミアムを支払っており，その金額は交渉により毎年変動するが，概ね60kg当たり2,000円で設定されている．さらに，価格については，当該産地品種銘柄の落札価格に連動して決まる方式を取っているため，F社が最終的に支払う価格は，当該銘柄落札平均価格＋契約栽培によるプレミアム＋特別栽培のプレミアム＋JA手数料である．

　一方，茨城県の常陸太田市の生産者との取引においては，現地の集荷業者が生産者約30名を取りまとめ，この集荷業者が窓口となって取引を行っている．この地域は山間地で，かつ畑地で大豆が栽培されており，食味が優れていることから取引を始めた．品種は「納豆小粒」で，無農薬での栽培を依頼している．輸送や保管（産地近くの貸倉庫）は集荷業者の負担で行い，集荷業者は1カ月に1回，注文数量分をF社に輸送する．取引価格は，保管料と輸送費込みで60kg当たり2万4,000円であり，支払いは毎月届いた分だけ翌月支払うことになっている．

　また，近年，中小の納豆メーカーや豆腐メーカーにおいて，在来種大豆への関心が高まっているが，F社は栃木県や東京都青梅市などの在来種大豆を使用した商品を販売したこともあり，現在は秋田県や大分県などでの在来種大豆の使用を検討している．F社の経営者は，各地域で地域固有の在来種大豆が栽培

され，それを納豆にして販売することで日本における大豆生産が活性化することを望んでいる．

F社における大豆産地とのコミュニケーションについては，経営者が年に1～2回，これらの産地をすべて回り，作柄などについて情報交換している．F社は商品ラベルとホームページに，各商品の大豆生産者名を掲載しており，大豆生産者にとって自分の名前が商品に載ることは大豆生産に当たっての励みとなっている．

F社は，大消費地である東京都内に位置する中で，工場に併設された直売所を有している．F社の代表は，この直売所をアンテナショップとして位置づけており，買いに来た顧客と経営者や従業員が会話する中で，普段は気付かない消費者ニーズを把握でき，製品開発上，重要な販売チャネルとなっている．また，こうした会話を通じて，作り手の思いや考えを消費者に伝えることができ，リピーター作りの上でも重要な販売チャネルになっている．

2. 長野県長野市の納豆製造業者J社における調達事例[8]

「農家と共に歩む納豆づくり」という企業方針を掲げる長野県長野市のJ社は，年間の大豆使用量100トンのうち90数トンは長野県産大豆を用いている．長野県産大豆以外は，北海道産大豆などを使用している．品種は，長野県産では「すずろまん」「ナカセンナリ」「つぶほまれ」，北海道産では「スズマル」「ユキシズカ」などであり，長野県産大豆の多くは，長野県内のJB農場やJAなどとの契約栽培により購入している．「ナカセンナリ」は，豆腐や味噌製造に適した品種であるが，長野県の主力品種であることから，J社は使用している．このようにJ社が使用することで，他の納豆製造業者も「ナカセンナリ」を使用し始めている．

J社もF社同様，国産大豆使用比率が高いことから，収穫量変動に対し次のような対策を行っている．まず，前年産大豆への切り替えは，8月のお盆過ぎに行っている．そして，仮に前年産の収穫量が少ない時には，9～12月の4カ月間をその前年産大豆で乗り切って，新穀が出回る1月にJB農場から直接取

引で購入し，不足分を補うようにしている．

　JB農場との契約栽培は，1997年から実施している．当時，J社の代表は，輸入大豆を用いた低価格納豆の製造からの方針転換のために，納豆作りに適した長野県産大豆を探していた．そして，近隣の豆腐製造業者からJB農場の小粒大豆をもらい試作したところ，いい納豆ができたため，契約栽培による取引を開始した．契約開始時は「ギンレイ（中粒）」を作ってもらい，その後，「納豆小粒」「すずこまち」「すずろまん」の順に契約栽培を行ってきたが，現在は「ナカセンナリ」と「すずろまん」の2品種で契約栽培を実施している．

　契約数量は，開始当初は数トン程度であったが，現在は「すずろまん」と「ナカセンナリ」をそれぞれ15トン程度契約している．なお，JB農場で生産された「すずろまん」は，J社が全量買い上げることにしている．「ナカセンナリ」に関しては，豆腐製造業者や味噌製造業者とも契約している．JB農場は，大豆18haを栽培するとともに，水稲18ha，大麦17haなどを栽培している（2013年時）．

　毎年の契約内容については，J社，JB農場，およびJ社の主要販売先である生活クラブ生協の3者会談により決まる．この3者会談は，5月下旬に実施されるが，この際に，契約数量，および施肥・防除の内容についても決定される．

　収穫後の選別については，JB農場が保有する2台の選別機（うち1台は色彩選別機）で行う．これら2台の選別機を併用することで，小粒の選別も可能となる．大豆の保管および輸送については，JB農場および近隣JAの定温倉庫で保管し，月に1回，JB農場の役員が車で約1時間かけてJ社に運んでいる．

　JB農場には，以前に完全無農薬で8年間ほど大豆を作ってもらい，その際は最初の3年間は大豆交付金なしの直接取引で，60kg当たり2万3,000円で購入していた．無農薬栽培から特別栽培へ切り替えてから単収が安定しており，現在はJAを介した契約栽培方式で，当該産地品種銘柄の落札価格に連動して，当該銘柄落札平均価格＋契約栽培によるプレミアム＋特別栽培のプレミアム＋JA手数料を支払うことになっている．

また，J社は，地元スーパーからの依頼で，2013年から東御市の農業生産法人JC農場（大豆10ha，水稲17ha等を栽培）から直接取引で「すずほまれ」を購入し，スーパーのPB商品を製造することになった．取引価格は60kg当たり9,800円であり，別途配送・保管料を1kg当たり10円支払っている．PB商品の販売見込計画にもとづいて，必要見込量を月に1回程度，JC農場に連絡して輸送してもらい，代金決済は月末締めの翌月末払いとしている．JC農場との取引量は，同じくPBを製造する豆腐メーカー分もあわせて約30トンであり，保管はJC農場近くの貸倉庫を利用している．JC農場は，日本GAP協会が作成しているJGAP認証を取得しており，そうした事業体としての志の高さや責任感の強さをJ社の代表は評価している．

　J社の商品の販路は，長野県内のチェーンスーパーや生活クラブ生協などである．このうち，生活クラブ生協との取引は10数年前から行っているが，組合員とJ社およびJB農場の3者間では，農薬の使用に関して相互理解を促す次のような取り組みを行っている．

　まず，JB農場での播種前に，組合員が使ってほしくない農薬リストを提示し，これにより，JB農場は消費者の考えを知ることができる．一方で，8月中旬に1日限定であるが，JB農場での除草作業を組合員とJ社の経営者らが一緒に行っている．組合員がこうした作業に参加し，雑草の多さや除草作業の大変さを体験することで，除草剤の散布はある程度やむを得ないということを理解してもらえる．また，こうした交流事業を通じて，大豆の生産現場を組合員に見てもらい，かつJ社の経営者とコミュニケーションすることは，J社の商品に対する信頼や愛着の醸成につながると考えられる．

　また，J社は，工場の敷地内に直売所を建設し，2013年7月から販売を開始した．J社は，第18回全国納豆鑑評会（2013年2月開催）で農林水産大臣賞を受賞し，県内外から商品に対する問い合わせや注文が急増したが，販路が主に長野県内のスーパーであるため，県外の消費者が購入する機会は限られていた．しかしながら，直売所を開設したことで，県外の消費者が観光も兼ねて直売所に来るようになった．

このように，直売所は新たな顧客獲得の場であると同時に，スーパーなどに出すにはロットが小さい限定商品も直売所なら販売できるため，製品開発における新たな取り組みを試す場としても機能している．

第4節　直接取引事例における問屋機能の分担関係

以上，直接取引および契約栽培に関し，豆腐製造業者3事例，納豆製造業者2事例の取組内容を見てきた．これら5つの事例概要は，前掲の表3-1のとおりであるが，生産者との直接取引に取り組んでいるのは，豆腐製造のG社とI社，納豆製造のJ社の3社である．このうち，I社については問屋機能の分担関係について聞けなかったので，I社以外の2事例における問屋機能の分担についてみてみる．

表3-2は，G社とJ社の事例における問屋機能の分担関係であるが，大豆の輸送は，いずれも大豆生産者が実施している．いずれの場合も，農場の代表が

表3-2　直接取引事例における問屋機能の分担関係

	G社	J社
輸送	GA農場の代表が数回に分けて輸送（1回当たり約6トン輸送）	月に1回程度の頻度で，J社がJC農場に必要量を発注し，JC農場の代表が輸送．
保管	G社近くの低温倉庫をA社の費用負担で借りている．保管料は1か月・60kg当たり常温で48円，低温で72円．	JC農場近くの貸倉庫をJ社の負担で借りている．配送・保管料は，1kg当たり10円．
選別	GA農場が実施．直接取引を始めた当初は選別が雑だとG社は感じていたが，具体的に要求を伝えることで，現在は十分な選別がなされている．	JC農場が所有する色彩選別機とロール選別機で選別したものを購入している．
金融（代金決済）	G社からGA農場への支払は，4月までに2〜3回に分けて済ませる．	月末締めの翌月末払い．

資料：聞き取り調査をもとに作成．

輸送することで，その都度，顔を合わせてのコミュニケーションができ，貴重な情報交換の機会となっている．保管については，いずれも大豆加工メーカー側が費用負担している．一方，選別については，G社もJ社も自社工場で選別を行うが，納品前に大豆生産者側での選別をお願いしている．

最後に，代金決済については，G社は使用する大豆の半数以上をGA農場から購入しており，一括で契約数量分を支払うのは困難であることから分割して支払っている．一方，J社とJC農場の間では，月末締めの翌月末払いで代金決済を行っている．

これらG社とJ社の代表は，コミュニケーションを重ねる中で，取引相手である農場の代表を高く評価しており，例えば，G社はGA農場の名前をホームページに掲載したり，販売先の関係者をGA農場の圃場に案内するなど，GA農場の代表へ信頼を置いている．一方，J社は，JC農場のJGAPへの取り組みや，大豆作を始めた時から2種類の選別機を購入するといった，顧客を重視した姿勢を高く評価しており，JC農場との直接取引を将来拡大したいと考えている．

第5節　まとめ

以上，本章では，国産大豆の流通の概要について述べるとともに，取引を進める中で，大豆生産者と大豆加工メーカーがコミュニケーションを重ね，相互理解を深めることが期待される直接取引および契約栽培への取組事例について述べた．

国産大豆の流通は，①JA等に販売委託されるもの，②生産者が大豆加工メーカーに直接販売するもの（直接取引），③集荷業者等が生産者から買い付けて，大豆加工メーカーに販売されるものに分かれ，約8割の大豆が①のルートで流通している．JA等への販売委託が多いのは，2006年度末に廃止された大豆交付金制度においてJA等への販売委託が交付金受給の要件となっていたからと考えられる．

JA等に販売委託された大豆による契約栽培では，契約の受け手は基本的に全国団体（全農もしくは全集連）であり，契約産地（JA）は指定できるが，必ずしも生産者レベルまで指定できるとは限らない．このように契約栽培と直接取引では，契約主体が誰か，特定の生産者の大豆が確実に調達できるか否か，播種前契約時点で購入価格を決められるかどうか等の点で異なっている．

　直接取引および契約栽培への取組事例については，豆腐製造業者3社，納豆製造業者2社を取り上げた．このうち，生産者との直接取引に取り組んでいるのは，豆腐製造者2社，納豆製造者1社である．直接取引においては，問屋を介さずに取引を行うため，問屋が担っている①輸送，②保管の機能をいずれかの主体が担う必要があり，③選別，④金融（代金決済）の機能についても，両者が話し合い解決する必要がある．本書での事例においては，大豆の輸送は，いずれも農場の代表が実施しており，輸送の際に大豆加工メーカーと顔を合わせることで，貴重な情報交換の機会となっている．保管については，いずれも大豆加工メーカー側が費用負担しており，選別については，いずれも納品前に大豆生産者側での選別をお願いし，さらに納品後に自社工場で再選別している．最後に，代金決済については，1年分の大豆代金を2～3回に分けて支払ったり，月末締めの翌月末払いで行われていた．

注

1) 本章の第2節および第3節は田口［2013］を加筆・修正したものである．
2) 調査は2008年12月に実施した．記載している数値はすべて調査時点のものである（他の事例も同様）．
3) 保管料は常温で24円/月，低温（夏場）で36円/月（いずれも大豆30kg当たり）である．
4) これら4つの機能以外に，問屋が生産者側および大豆加工メーカー側双方の情報を有するという「情報のハブ機能」も挙げられるが，この点については，大豆加工メーカーへの調査によれば，産地（生産者）の情報は，地域の単協に問い合わせれば要望にあった同一県内の他の単協や生産組合等を紹介してくれたり，あるいは普及センターに問い合わせるなど，問屋に頼らなくても情報を入手できる状況にある．また，産地側もインターネット等で，加工メーカーの情報を入手しやすくなっており，問屋の情報のハブ機能は，以前ほど重要な機能ではなくなっていると考えられる．

5）調査は 2009 年 12 月，2010 年 8 月に実施した．
6）調査は 2011 年 8 月，2012 年 11 月に実施した．
7）調査は 2006 年 12 月，2008 年 11 月，2014 年 7 月に実施した．
8）調査は 2012 年 11 月，2013 年 1 月および 6 月，2014 年 8 月，2015 年 8 月に実施した．

第4章　国産大豆使用商品の消費拡大に向けた条件解明

　本章では，第1節において，総務省『家計調査年報』にもとづいて，豆腐および納豆の消費動向について述べるとともに，これら2つの品目に関し，今後の需要動向を考察する．そして，第2節および第3節では，納豆を対象に，商品レベルでの消費者の購買データと市販されている商品の属性データを用いて，国産大豆属性への消費者評価の計測と，国産大豆使用商品の価格弾力性の計測を行う[1]．これら品目別の需要動向と，商品レベルの購買行動分析から解明される国産大豆使用商品に対する評価結果をふまえ，第4節において，国産大豆使用商品の消費拡大に向けた条件を提示する．

第1節　豆腐および納豆の消費動向

1．豆腐の消費動向

　図4-1は，1965～2010年にかけての，豆腐への1人当たり年間支出金額（実質値）の推移を表わしている．1965年から1998年の間は，2,200円から2,400円の間で推移してきたが，1999年以降は減少傾向となり，2010年時点で1,897円となっている．一方，1人当たりの購入数量（丁）の推移を見たのが図4-2である．1丁当たりの重さは変化していると考えられるので，あくまで参考情報であるが，購入丁数で見ると，1975年以降は，22～24丁の間で概ね安定的に推移しているといえる．
　次に，年間収入五分位階級別の支出金額の違いを見たのが表4-1である．まず，階級別に支出金額の推移を見てみると，いずれの階級もこの35年間で3割支出が減少してきている．一方，階級間の支出金額の相違については，収入

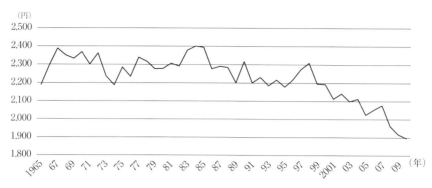

図 4-1 豆腐への 1 人当たり支出金額の推移（円，実質値）

資料：総務省『家計調査年報』より作成．
注：数値は 2 人以上世帯（農林漁家世帯を除く）のもので，品目別の消費者物価指数（2005 年基準）により実質化を行っている．

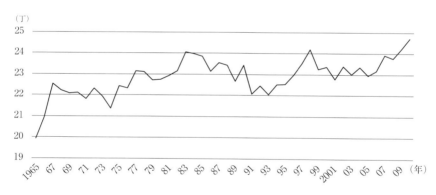

図 4-2 1 人当たり年間豆腐購入数量の推移（丁）

資料：総務省『家計調査年報』より作成．

が多いほど支出金額も多くなっている．そして，支出金額の格差の推移について見てみると，1970 年時点で第 V 分位の世帯は，第 I 分位世帯の 1.3 倍支出しており，2005 年でも 1.4 倍であり，ほとんど変化はないと言える．

表 4-2 は，豆腐への 1 人当たり支出金額の推移を地方別に見たものである．四国地方で微増しているものの，各地域で減少しており，特にもともと消費量の多かった近畿や沖縄で減少が大きく，1980 年に比べ，2005 年の支出金額は

第4章　国産大豆使用商品の消費拡大に向けた条件解明　　(53)

表4-1　年間収入五分位階級別に見た豆腐への1世帯当たり支出金額の推移

(単位：円)

年	第Ⅰ分位	第Ⅱ分位	第Ⅲ分位	第Ⅳ分位	第Ⅴ分位
1970	8,305（100）	8,632（100）	9,115（100）	9,651（100）	11,126（100）
75	7,734（93）	8,557（99）	8,786（96）	9,283（96）	10,074（91）
80	7,671（92）	7,866（91）	8,555（94）	9,271（96）	10,138（91）
85	7,569（91）	7,961（92）	8,821（97）	9,477（98）	10,586（95）
90	6,852（83）	7,240（84）	8,414（92）	8,832（92）	9,894（89）
95	6,308（76）	6,692（78）	7,267（80）	7,983（82）	9,005（81）
2000	6,323（76）	6,385（74）	6,733（74）	7,306（76）	8,778（79）
05	5,562（67）	6,060（70）	5,989（66）	6,678（69）	7,596（68）

資料：総務省『家計調査年報』より作成．
注：1) 数値は2人以上世帯（農林漁家世帯を除く）のもので，品目別の消費者物価指数（2005年基準）により実質化を行っている．（　）内の数値は，1970年の数値を100とした時の指数である．
　　2) 五分位階級とは，調査対象世帯を収入の低い方から順番に並べ，各グループに属する世帯数が均等になるようにして五つのグループを作った場合の各グループのことで，収入の低い方から順次第Ⅰ，第Ⅱ，第Ⅲ，第Ⅳ，第Ⅴ五分位階級という．
　　3) 農林漁家世帯を除く2人以上世帯の品目別・年間収入五分位階級別支出金額は，2008年以降公表されていないため，2005年までのデータを掲載している（表4-3についても同様）．

表4-2　地方別に見た豆腐の1人当たり年間実質購入金額の推移

(単位：円)

	1980年	85	90	95	2000	05
北海道	1,639	1,752（107）	1,613（98）	1,743（107）	1,660（101）	1,501（92）
東北	2,364	2,328（98）	2,288（97）	2,193（93）	2,167（92）	2,196（93）
関東	2,308	2,425（105）	2,438（106）	2,258（98）	2,378（103）	2,178（94）
北陸	2,012	2,261（112）	2,089（104）	2,036（101）	1,878（93）	1,868（93）
東海	2,102	2,531（120）	2,206（105）	2,112（100）	2,076（99）	1,891（90）
近畿	2,459	2,532（103）	2,475（101）	2,253（92）	2,225（91）	1,914（78）
中国	2,400	2,409（100）	2,372（99）	2,227（93）	2,107（88）	2,010（84）
四国	2,371	2,723（114）	2,458（104）	2,432（103）	2,575（109）	2,391（101）
九州	2,217	2,184（99）	2,102（95）	2,006（90）	1,915（86）	1,891（85）
沖縄	3,173	2,606（82）	2,379（75）	2,227（70）	2,254（71）	2,564（81）
全国平均	2,278	2,394（105）	2,316（102）	2,179（96）	2,193（96）	2,024（89）

注：1) 数値は2人以上世帯（農林漁家世帯を除く）のもので，品目別の消費者物価指数（2005年基準）により実質化を行っている．（　）内の数値は，1980年の数値を100とした時の指数である．
　　2) 東北地方：青森県，岩手県，宮城県，秋田県，山形県，福島県．関東地方：茨城県，栃木県，群馬県，埼玉県，千葉県，東京都，神奈川県，山梨県，長野県．北陸：新潟県，富山県，石川県，福井県．東海地方：岐阜県，静岡県，愛知県，三重県．近畿地方：滋賀県，京都府，大阪府，兵庫県，奈良県，和歌山県．中国地方：鳥取県，島根県，岡山県，広島県，山口県．四国地方：徳島県，香川県，愛媛県，高知県．九州地方：福岡県，佐賀県，長崎県，熊本県，大分県，宮崎県，鹿児島県．
　　3) 農林漁家世帯を除く2人以上世帯の品目別・地方別支出金額は，2008年以降公表されていないため，2005年までのデータを掲載している（表4-4についても同様）．

(54)

約8割の水準となっている．その結果，支出金額に関する地域間格差は減少した．1980年時点での支出金額の最大値は3,173円（沖縄）で，最小値は1,639円（北海道）であり，その差は1,535円であった．しかしながら，2005年には最大値は2,564円（沖縄）で，最小値は1,501円（北海道）となり，その差は1,063円となっている．以上より，この20年間で支出金額の地域間格差は小さくなったが，それは全国的に支出金額が減少する中でもともと支出金額の多かった近畿や沖縄での減少が大きく，その他の地域での減少量が微々たるものであったことからもたらされたと言える．

2. 納豆の消費動向

図4-3は，納豆への1人当たり年間支出金額（実質値）の推移を表しているが，納豆は2005年ころまで消費量が増加し続けていたことが分かる．1965年時点では427円程度であり，2007年にピークとなる1,287円まで達し，この40年間で約3倍の水準にまで増加している．

次に，年間収入階級別に納豆への支出金額の違いを見たのが表4-3である．各階級とも一様に増加傾向にあり，この35年間で全階級とも2倍近い増加を

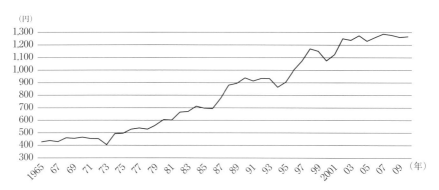

図4-3　納豆への1人当たり支出金額の推移（円，実質値）

資料：総務省『家計調査年報』より作成．
注：数値は2人以上世帯（農林漁家世帯を除く）のもので，品目別の消費者物価指数（2005年基準）により実質化を行っている．

第4章 国産大豆使用商品の消費拡大に向けた条件解明　(55)

表4-3 年間収入五分位階級別に見た納豆への1世帯当たり支出金額の推移

(単位:円)

(年)	第Ⅰ分位	第Ⅱ分位	第Ⅲ分位	第Ⅳ分位	第Ⅴ分位
1970	1,646 (100)	1,717 (100)	1,843 (100)	1,964 (100)	2,036 (100)
75	1,550 (94)	1,809 (105)	1,979 (107)	2,084 (106)	2,203 (108)
80	1,912 (116)	2,315 (135)	2,468 (134)	2,444 (124)	2,410 (118)
85	2,064 (125)	2,447 (142)	2,727 (148)	2,848 (145)	2,841 (140)
90	2,529 (154)	3,065 (178)	3,331 (181)	3,714 (189)	4,077 (200)
95	2,608 (158)	2,783 (162)	3,054 (166)	3,361 (171)	3,668 (180)
2000	3,106 (189)	3,257 (190)	3,289 (178)	3,643 (185)	4,111 (202)
05	3,238 (197)	3,703 (216)	3,873 (210)	4,155 (212)	4,413 (217)

資料:総務省『家計調査年報』より作成.
注:1) 数値は2人以上世帯(農林漁家世帯を除く)のもので,品目別の消費者物価指数(2005年基準)により実質化を行っている. ( )内の数値は,1970年の数値を100とした時の指数である.
　2) 五分位階級については,表4-1と同様である.

示している.年ごとにクロスセクションで,階級別の支出金額の相違を見てみると,基本的には収入が多いほど支出金額も多いことが分かる.収入別の支出金額の格差は,1970年時点で第Ⅴ分位の世帯は,第Ⅰ分位の世帯に比べ1.2倍支出している.一方,2005年では,その格差は1.4倍となっており,豆腐と同様,ほとんど変化はない.

　地方別に,納豆への1人当たり支出金額の推移を見たのが表4-4である.1980年時点で支出金額が全国平均値を上回っていた北海道,東北,関東,北陸はこの20年間で2倍弱の増加にとどまっているなか,もともと支出金額の少なかった東海以西の地域では,3倍以上の増加を示している.特に,四国では7倍強,沖縄では9倍強と支出金額が大幅に増加している.その結果,納豆への支出金額に関し,地域間の格差は減少してきた.1980年時点で支出金額の最大値は1,309円(東北地方)であり,最小値は92円(沖縄)で,その差は1,217円であった.そして,2005年時点では,最大値1,693円(東北地方)に対し最小値は854円(近畿地方)となり,その差は839円と1980年に比べ400円近く減少している.

　このような西日本での大幅な消費増加が,全国平均で見た納豆の消費量増加を支えてきたと考えられる.このような消費量増加の要因について考察すれ

表4-4 地方別に見た納豆の1人当たり年間実質購入金額の推移

(単位：円)

	1980年	85	90	95	2000	05
北海道	1,303	1,306 (100)	1,407 (108)	1,193 (92)	1,390 (107)	1,473 (113)
東北	1,309	1,298 (99)	1,431 (109)	1,438 (110)	1,571 (120)	1,693 (129)
関東	799	989 (124)	1,343 (168)	1,213 (152)	1,366 (171)	1,470 (184)
北陸	677	602 (89)	959 (142)	893 (132)	1,116 (165)	1,331 (197)
東海	396	428 (108)	582 (147)	690 (174)	844 (213)	1,084 (274)
近畿	259	320 (123)	507 (196)	461 (178)	682 (263)	854 (330)
中国	249	275 (110)	443 (178)	527 (211)	661 (265)	893 (358)
四国	119	182 (153)	333 (280)	414 (347)	601 (505)	882 (740)
九州	422	550 (131)	717 (170)	829 (197)	928 (220)	1,135 (269)
沖縄	92	118 (128)	367 (397)	385 (417)	554 (601)	874 (948)
全国平均	605	697 (115)	938 (155)	905 (150)	1,074 (178)	1,230 (204)

資料：総務省『家計調査年報』より作成．
注：1）数値は2人以上世帯（農林漁家世帯を除く）のもので，品目別の消費者物価指数（2005年基準）により実質化を行っている．（ ）内の数値は，1980年の数値を100とした時の指数である．
2）地域区分は表4-2と同様である．

ば，第1に，納豆の健康機能性の解明が考えられる．血栓溶解酵素のナットウキナーゼの存在が1986年に報告されるなど納豆の健康への効能が徐々に明らかにされ，その情報が消費者に広まり，食に対する健康志向と相まって健康のために納豆を食べる消費者が増えてきたと考えられる．このような納豆の機能性と納豆消費との関連については，業界団体である全国納豆協同組合連合会（全納連）が2015年6月に実施した消費者へのアンケート調査（2,000サンプル）で明らかにされており，「納豆を食べる頻度が増えた理由」に対する回答（複数回答）で最も多かったものは「栄養が豊富なので」（76.4％）であり，次いで「健康効果があるので」（64.9％）であった．この結果より，納豆消費の促進には，納豆の栄養や健康効果が大きく関係していると言うことができる．

全納連は納豆の健康機能性に関する情報をマスメディアや消費者へ発信しており，テレビの健康番組でも納豆が取り上げられる等，納豆の機能性についての情報に触れる機会は増えてきている．また，販売額上位企業は近年，納豆の機能性を強調する製品や，栄養成分を増強した製品を開発しており，消費者の健康志向に訴求することで販売拡大に努めている．

第4章 国産大豆使用商品の消費拡大に向けた条件解明 (57)

　消費増加の第2の要因として，西日本に多く存在する"納豆を食べ慣れていない人"向けの製品開発に，上位企業が力を入れてきたことが考えられる．茨城県など東日本に本社を置く上位企業は，1980年代半ばから西日本に営業所や工場を建設し，西日本の消費者向けの製品開発・販売を積極的に行うようになった．例えば，茨城県に本社を置く全国販売額1位（2012年，日刊経済通信社調査編集部［2013］）のタカノフーズ社は，1985年に大阪営業所を開設し，1989年に三重県に工場を建設している．また，栃木県に本社がある全国販売額3位（同上）のあづま食品社も，1993年に三重県に工場を建設している．そしてこれら上位メーカーは，甘みを強くするなど西日本の消費者の嗜好に合ったタレを添付したり，においの少ない商品等を開発することで，"納豆を食べ慣れていない人"の消費の増加に努めてきた．
　第3に，西日本における納豆の小売価格の低下も納豆の消費量増加に寄与したと考えられる．図4-4は，東京における納豆の小売価格を100円とした時の主要都市の小売価格の相対値を示したものであるが，京都市や大阪市といった納豆の購入金額が少ない都市では1980年をピークに東京よりも価格が高い状態にあったが，1985年より下がり始め，2010年時点では都市間での価格差は

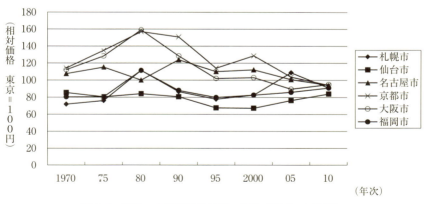

図4-4　納豆の小売価格相対値の推移（東京＝100円）
資料：総務省『小売物価統計調査』より作成．
注：毎年1月時点の小売価格を用いて，東京の価格を100円とした時の各都市の相対価格を算出したものである．

小さくなっている．このような価格低下の背景としては，上述したように，大量製造のノウハウを持つ上位企業が西日本に工場を建設し，それらのメーカーの安価な商品が西日本で大量に流通し始めたことが挙げられる．上記のアンケート調査「納豆を食べる頻度が増えた理由」に対する回答で3番目に多かったのは「価格が安いので」(52.6%)であり，このことは価格低下が納豆消費を促進させた一要因であることを示唆している．

3. 豆腐および納豆の今後の需要動向に関する考察

以上，本節では，総務省『家計調査年報』にもとづいて，豆腐および納豆の消費動向を概観した．豆腐は近年になり消費量が減少しているものの，1965年以降，消費量は安定的に推移してきた食品といえる．一方，納豆は，近年まで消費量が増加してきた食品であり，その背景には，消費量の少なかった東海以西の地域での消費量の増加があるといえる．西日本での大幅な消費量の増加をもたらした要因として，①納豆の健康機能性の解明と食に対する消費者の健康志向の増加，②上位企業による"納豆を食べ慣れていない人"向けの製品開発，③西日本における納豆の小売価格の低下，の3点が考えられる．

それでは，今後，これら2品目の消費量はどのように変化していくと考えられるのか．この点について見るために，世帯主の年齢階級別に豆腐および納豆への1人当たり年間支出金額（表4-5）を見てみる．上段の値が2000年の数値で，下段の値が2005年の数値であるが，納豆は全階級において支出金額が増加しているものの，豆腐はいずれの階級においても支出金額が減少している．

今後の需要動向を推測する上で重要となる，支出金額の年齢階級間の格差であるが，いずれの品目でも，世帯主の年齢階級が高いほど消費量が多いことが分かる．2005年時点で見れば，豆腐については70歳以上の層に比べ，49歳以下の層は概ね半分以下の消費水準となっている．納豆についても，70歳以上の層に比べ39歳以下の層は概ね半分の水準である．このような消費水準のまま，若い世代が年齢を重ねていけば，人口の減少と相まって，各品目とも国内需要が縮小していく可能性は大きい．

表4-5　世帯主の年齢階級別に見た豆腐および納豆への1人当たり年間支出金額

(単位：円，実質値)

	(年)	29歳以下	30～39歳	40～49歳	50～59歳	60～69歳	70歳以上
豆腐	2000	1,241 (40)	1,392 (45)	1,716 (55)	2,429 (78)	3,072 (98)	3,126 (100)
	05	1,075 (38)	1,186 (41)	1,539 (54)	2,156 (75)	2,734 (96)	2,860 (100)
納豆	2000	724 (49)	788 (54)	859 (59)	1,099 (75)	1,510 (103)	1,466 (100)
	05	867 (53)	907 (55)	991 (60)	1,183 (72)	1,627 (99)	1,647 (100)

資料：総務省『家計調査年報』より作成．
注：数値は2人以上世帯（農林漁家世帯を除く）のもので，品目別の消費者物価指数（2005年基準）により実質化を行っている．（ ）内の数値は，各年の70歳以上の数値を100とした時の指数である．

　それでは，豆腐や納豆に対する需要の減少を抑えるためには，どのような方策が考えられるだろうか．前小節で述べたように，納豆消費の促進には納豆の栄養や健康機能性が大きく関係していることが業界団体によるアンケート調査で明らかにされたが，豆腐に関しても，業界団体の1つである日本豆腐協会が2013年9月に消費者へのアンケート調査（1,000サンプル）を実施しており，その中で「豆腐を購入する理由」で最も多かった回答は「健康に良いから」(63.6％)であった（複数回答）．

　これら2つのアンケート調査の結果より，消費者の豆腐や納豆に期待する属性は，健康機能性であると言うことができ，新たな機能性が解明されたり，若い世代が年齢を重ねていくなかで健康志向が高まっていけば，需要の大幅な縮小を抑えることができると考えられる．

第2節　国産大豆属性に対する消費者評価の解明

　本節では，商品属性を説明変数とする市場シェア関数の推定を，消費者の購買データを用いて行うことで，商品属性に対する消費者評価を解明する．そこで，まずはじめに，推定に用いるデータについて述べ，その後で本研究での市場シェア関数の特徴そして推定結果について，順を追って説明する．

　なお，本節および第3節では分析対象を納豆に限定する．その理由は，豆腐

に比べ，原料大豆の産地や粒の大きさ，容器の形状，たれの種類やたれ以外の添付品など，納豆の方が商品属性が多様であり，そのため商品属性に対する消費者評価を分析する上でより適切な対象であると考えたからである．

1. データの概要と対象商品について

　分析に用いるデータは，商品別の価格，市場シェア，属性の計3種類のデータである．価格と市場シェアに関しては，株式会社東急エージェンシーが作成した，月別の平均価格データと購入数量データを用いた．このデータは，サンプル世帯にバーコードリーダーおよびデータ送信装置を設置し，サンプル世帯が購入した商品のデータを電話回線によって収集することで作成されている．データの調査エリアは，東京駅から30km圏内であり，1都3県にまたがっている．サンプル世帯数は2,500世帯であり，対象世帯は「2人以上の一般世帯で，主婦年齢59歳以下」である．

　分析の期間は1998年5月から2001年4月までであり，1998年度(1998年5月～1999年4月)，1999年度(1999年5月～2000年4月)，2000年度(2000年5月～2001年4月)と3期間に分け，各商品の加重平均価格と購入数量データを年度ごとに作成し[2]，年度別に商品横断的な分析を行った．なお，価格データに関しては，月別の消費者物価指数・食料(1995年基準)で実質化を行った．

　一方，属性データに関しては，2001年の7，8月に各商品のラベル部分を収集し，ラベルに記載されている情報をもとに作成した．したがって，各商品のもつ官能的な属性(匂い・味・色など)は考慮されていない[3]．今回推定に用いた属性の種類とその定義は，表4-6のとおりである．

　対象とした商品は，2001年4月の月別購入数量において上位9社の商品で，134商品を対象とした[4]．上位から順にタカノフーズ，フレシア(現ミツカン)，くめクオリティ・プロダクツ(現在はミツカン社が「くめ納豆」ブランドを販売)，旭松食品(現在はミツカン社が旭松食品社の納豆事業を取得)，あづま食品，カジノヤ，ヤマダフーズ，オーサト，東光食品である．これら9社に関し，本データにおける年度別市場シェアを表4-7に示す．

第4章　国産大豆使用商品の消費拡大に向けた条件解明　　(61)

表4-6　納豆の属性と変数との対応

属性名	変数の種類	変数の定義
グラム数	量的変数	1製品当たりの総グラム数
パック数	量的変数	1製品を構成するパックの数
トレー型容器	質的変数	トレー型の容器を使用＝1，その他（カップ型）＝0
ひきわり	質的変数	納豆の種類がひきわりである＝1，その他＝0
極小粒	質的変数	納豆の粒の大きさが「極小粒」である＝1，その他＝0
大粒	質的変数	納豆の粒の大きさが「大粒」である＝1，その他＝1
有機・無農薬大豆	質的変数	納豆のラベルに「有機大豆」あるいは「無農薬大豆」と表示されている＝1，その他＝0
国産大豆	質的変数	「国産大豆使用」表示や「秋田産大豆使用」などの原産地表示があるもの＝1，その他＝0
こだわりたれ	質的変数	「利尻産昆布使用」など原料にこだわったたれ[1]を添付＝1，その他＝0
その他の添付品	質的変数	「たれ」「からし」以外の添付品[2]をもつ＝1，その他＝0
添加品	質的変数	納豆に「麦」や「昆布」などを添加している[3]＝1，その他＝0
タカノ	質的変数	タカノフーズ社の製品である＝1，その他＝0[4]
フレシア	質的変数	フレシア社の製品である＝1，その他＝0
くめ	質的変数	くめクオリティ・プロダクツ社の製品である＝1，その他＝0
旭松	質的変数	旭松食品社の製品である＝1，その他＝0
あづま	質的変数	あづま食品社の製品である＝1，その他＝0
カジノヤ	質的変数	カジノヤ社の製品である，その他＝0
オーサト	質的変数	オーサト社の製品である＝1，その他＝0
東光	質的変数	東光食品社の製品である＝1，その他＝0

注：1）ヤマダ日高昆布・高知鰹風味たれ，オーサト昆布たれ，フレシア有機大豆専用たれ，あづま有機醤油たれ，おかめヤマサ昆布たれ，おかめ利尻昆布・ホタテたれ，おかめ天然だしたれ，旭松昆布たれ，ミツカン追いがつおたれ．
　　2）キムチスパイス，からしマヨネーズ，しそ海苔，とろろ，ねぎ，のり，わさび，なめ茸，大根おろし，梅しそ．
　　3）旭松「完熟昆布納豆」，タカノ「おかめ納豆　五穀ミニ」，くめ「麦入り納豆ミニ」．
　　4）企業ダミー変数は「ヤマダフーズ」を基準とする．

表 4-7　売上数量上位 9 社の本データにおける市場シェア

(単位：％)

	1998 年度	99 年度	2000 年度
タカノフーズ	30.26	33.15	34.76
フレシア	8.80	8.18	14.35
くめクオリティ・プロダクツ	9.95	10.10	8.63
旭松食品	11.78	10.61	9.78
あづま食品	6.54	7.61	8.41
カジノヤ	0.91	1.25	1.17
ヤマダフーズ	0.86	1.59	1.94
オーサト	0.26	0.32	0.31
東光食品	0.77	1.26	1.36
その他合計	29.88	25.94	19.29
合計	100	100	100

2. 分析に用いる市場シェア関数の特徴

本研究で推定を行う市場シェア関数は，消費者の効用は商品属性に依存するとした消費者の離散選択モデルから導出したものである．その計測式は，次のとおりである．特定化の詳細については，補論を参照されたい．

$$\ln s_m = \sum_{j=1}^{k}\left(a_j z_{mj} + b_j z_{mj}^2\right) - \frac{\alpha}{d_m} P_m^* - \ln \sum_{i=1}^{n} e^{\left[\sum_{j=1}^{k}\left(a_j z_{ij} + b_j z_{ij}^2\right) - \frac{\alpha}{d_{mi}} P_i^*\right]} \quad m = 1,\cdots,n$$

s_m：商品 m の市場シェア

z_{mj}：商品 m の第 j 属性　($j=1,\cdots,k$)

P_m^*：商品 m の品質調整済み価格 $P_m^* = P_m - P(z^m)$　ただし，P_m は商品 m の実売価格，$P(z^m)$ は商品 m のヘドニック価格関数推定値，z^m は商品 m の k 次元属性ベクトル $z^m = (z_{m1},\cdots,z_{mk})$ である．

d_{mi}：商品 m と商品 i の属性空間における距離

d_m：商品 m の属性空間における他商品との平均距離

$$d_m = \sum_{i=1}^{n} d_{mi} \Big/ n$$

a_j，b_j，α：パラメータ　($j=1,\cdots,k$)

この市場シェア関数の第1の特徴は，説明変数に商品属性を含んでいる点に加え，商品の備える属性に対して販売価格が適正であるかどうかを表す「品質調整済み価格」を含んでいるという点である．品質調整済み価格を含める理由は，納豆のように，属性の差異による差別化が進んだ商品群においては，消費者はその販売価格の絶対水準を意識するとともに，販売価格がその商品の備える属性に対してどれほど見合った価格付けをされているのかということも意識して商品を購買すると思われるからである[5]．

各商品の品質調整済み価格は，次のように定義される．

品質調整済み価格＝商品の実売価格－ヘドニック価格関数推定値

ヘドニック価格関数とは，商品の価格を被説明変数とし，当該商品の属性を説明変数とする関数であり，価格と属性との関係を表している（Rosen［1974］）．したがって，ヘドニック価格関数の推定値は，備える属性から判断される当該商品の実現期待価格を表す．

これにより，実売価格とヘドニック価格関数推定値の差である品質調整済み価格は，備える属性のもとで実現しうる商品の期待価格に比べ，当該商品の実売価格がどれくらい乖離しているのか，言い換えれば，実売価格がその商品の属性に対し，どれほど見合った価格付けをされているのかを表している．

このことから，品質調整済み価格と商品の市場シェアとの関係について，以下のことが考えられる．

①品質調整済み価格が正（実売価格＞ヘドニック価格関数推定値）

このとき，実売価格は期待価格よりも上回っているため，消費者はその実売価格に対して"割高感"を感じ，その商品を買い控えるものと思われる．したがって，品質調整済み価格が正であるとき，その商品の市場シェアは縮小すると予想される．

②品質調整済み価格が負（実売価格＜ヘドニック価格関数推定値）

このとき，実売価格は期待価格よりも下回っているため，消費者はその実売価格に対して"割安感"あるいは"買い得感"を感じ，その商品を積極的

に購買するものと思われる．よって，品質調整済み価格が負であるとき，その商品の市場シェアは拡大すると予想される．

続いて，第2の特徴として，属性空間における商品間の距離を上記のように導入することにより，属性が似ていて代替性が強い2商品間では交差価格弾力性が大きくなり，逆に属性が似ていない2商品同士では交差価格弾力性が小さくなるという関係を表現できるという点が挙げられる．

属性空間における商品間の距離は，次のようにして「重みつきユークリッド距離」で計測した．Z_j ($j=1,\cdots,k$) を属性（量的データ）としたとき，商品 m と i の重みつきユークリッド距離は次のとおりである．ここで，w_j は属性 z_j に対する重みであり，本研究では，$w_j = 1/\sigma_j$ (σ_j は属性 z_j の分散) とした．

$$d_{mi} = \sqrt{\sum_{j=1}^{k} w_j \left(z_{mj} - z_{ij}\right)^2}$$

距離を計測するためには，属性が量的変数で表わされていなければならないが，本研究では量的変数はパック数とグラム数のみである．そこで，「有機・無農薬大豆」「国産大豆」「こだわりたれ」「その他の添付品」「添加品」といった5つの質的属性に関して数量化理論Ⅲ類を適用し，各商品に2次元の数量（以下，スコアと呼ぶ）を与えることにした．これにより，「第1次元の商品スコア」「第2次元の商品スコア」，および「グラム数」「パック数」の計4つの変量を用いて属性空間における商品間の距離を計測し，市場シェア関数の推定を行った．

3. 市場シェア関数の推定
1) 品質調整済み価格の算出

市場シェア関数の説明変数である各商品の品質調整済み価格を求めるために，まずヘドニック価格関数を推定する．関数形については，両対数（被説明変数と説明変数に関して対数をとる）を採用した[6]．説明変数については，多重共線性の問題を考慮して，表4-6の属性のうち「グラム数」以外の属性を説明変数とした．そして「商品単価」ではなく「1グラム当たり価格」の加重平均を

第4章　国産大豆使用商品の消費拡大に向けた条件解明　　(65)

被説明変数として，年度ごとに最小2乗法によりヘドニック価格関数を推定した．推定結果は表4-8のとおりである．自由度調整済み決定係数が各年度とも0.76以上であり，当てはまりはおおむね良好である．

各属性が商品の価格とどのような関係にあるのかについて見てみる．量的変数で表される属性については，属性の水準が1%変化することによるグラム当たり価格の変化率（%）を，一方で，質的変数で表される属性については，その属性が付加されることによるグラム当たり価格の変化率（%）を見てみる[7]．その変化率の結果をまとめたのが表4-9である．これにより，「国産大豆」と「その他の添付品」が付加されることによって，グラム当たり価格が

表4-8　ヘドニック価格関数推計結果

属性	1998年度 係数	p値	99年度 係数	p値	2000年度 係数	p値
定数項	<u>0.409</u>	0.006	<u>0.512</u>	0.000	<u>0.661</u>	0.000
パック数の対数	<u>-0.455</u>	0.000	<u>-0.534</u>	0.000	<u>-0.608</u>	0.000
トレー型容器	<u>-0.506</u>	0.000	<u>-0.508</u>	0.000	<u>-0.539</u>	0.000
ひきわり	<u>0.120</u>	0.076	<u>0.121</u>	0.077	<u>0.140</u>	0.019
極小粒	0.022	0.614	0.018	0.683	0.029	0.458
大粒	0.164	0.111	0.100	0.258	<u>0.185</u>	0.030
有機・無農薬大豆	0.041	0.405	0.032	0.540	<u>0.077</u>	0.098
国産大豆	<u>0.348</u>	0.000	<u>0.294</u>	0.000	<u>0.288</u>	0.000
こだわりたれ	0.070	0.194	<u>0.103</u>	0.040	<u>0.094</u>	0.026
その他の添付品	<u>0.319</u>	0.000	<u>0.247</u>	0.000	<u>0.188</u>	0.001
添加品	<u>0.233</u>	0.071	<u>0.272</u>	0.040	<u>0.268</u>	0.013
タカノ	<u>0.280</u>	0.003	<u>0.245</u>	0.006	<u>0.152</u>	0.042
フレシア	<u>0.209</u>	0.029	<u>0.152</u>	0.088	0.055	0.463
くめ	<u>0.307</u>	0.002	<u>0.290</u>	0.002	<u>0.224</u>	0.007
旭松	<u>0.300</u>	0.009	<u>0.277</u>	0.009	<u>0.224</u>	0.009
あづま	<u>0.248</u>	0.007	<u>0.203</u>	0.025	0.092	0.236
カジノヤ	0.029	0.791	0.042	0.705	0.006	0.956
オーサト	0.154	0.210	0.152	0.225	0.057	0.633
東光	0.150	0.220	0.193	0.117	0.115	0.276
自由度調整済み決定係数	0.774		0.763		0.767	
サンプルサイズ	98		111		134	

注：p値が0.1以下の係数に関しては下線を引いている．

表 4-9　属性の 1%変化・付加によるグラム当たり価格の変化率

(単位：%)

	1998 年度	99 年度	2000 年度
パック数	-45.52	-53.43	-60.78
トレー型容器	-39.72	-39.83	-41.64
ひきわり	12.79	12.83	14.99
極小粒	2.26	1.78	2.90
大粒	17.80	10.49	20.37
有機・無農薬大豆	4.19	3.26	7.97
国産大豆	41.65	34.17	33.34
こだわりたれ	7.21	10.88	9.91
その他の添付品	37.59	28.07	20.70
添加品	26.30	31.31	30.74
タカノ	32.30	27.73	16.41
フレシア	23.23	16.41	5.70
くめ	35.92	33.58	25.05
旭松	34.94	31.92	25.09
あづま	28.12	22.48	9.68
カジノヤ	2.93	4.32	0.59
オーサト	16.68	16.41	5.83
東光	16.14	21.29	12.21

20%以上増加することが分かる．また，タカノフーズなど市場シェアが上位の企業の商品は，カジノヤ以下の下位企業の商品に比べてグラム当たり価格がおおむね高くなる傾向があることも見出せる．

2) 市場シェア関数の推定結果

上で求められた品質調整済み価格を用いて，非線形最小2乗法により，年度ごとに市場シェア関数を推定した．その結果は，表 4-10 のとおりである．

推定された係数を用いて，商品属性と市場シェアとの関係を見てみよう．属性が質的変数で表されている場合と，量的変数で表されている場合とで関係の把握の仕方が異なってくる．

まず，属性が質的変数で表される場合には，各属性の係数の符号および有意性を見ることにより，各属性と市場シェアとがどのような関係にあるのか判断

表 4-10　属性類似度を考慮した市場シェア関数推計結果

属性	1998年度 係数	p値	99年度 係数	p値	2000年度 係数	p値
パック数	2.915	0.000	2.629	0.000	2.277	0.002
パック数の2乗	-0.288	0.021	-0.249	0.016	-0.236	0.050
トレー型容器	1.593	0.000	2.041	0.000	1.505	0.000
ひきわり	0.333	0.574	0.130	0.788	-0.048	0.920
極小粒	0.835	0.038	0.441	0.159	0.918	0.004
大粒	-0.986	0.259	-0.844	0.170	-0.156	0.820
有機・無農薬大豆	-0.288	0.508	-0.163	0.659	-1.259	0.001
国産大豆	-0.266	0.596	-0.607	0.121	-0.949	0.018
こだわりたれ	-0.294	0.520	0.595	0.088	0.603	0.081
その他の添付品	0.063	0.926	0.263	0.589	-0.421	0.392
添加品	-2.527	0.019	-2.734	0.003	-1.936	0.022
タカノ	2.222	0.004	2.265	0.000	1.534	0.009
フレシア	2.070	0.009	0.382	0.542	0.954	0.113
くめ	2.300	0.005	1.589	0.013	1.466	0.022
旭松	2.528	0.007	2.156	0.002	0.290	0.666
あづま	1.907	0.012	1.222	0.049	1.303	0.035
カジノヤ	1.513	0.103	1.483	0.065	1.773	0.043
オーサト	0.663	0.525	0.270	0.758	0.216	0.819
東光	0.889	0.388	1.479	0.083	2.339	0.006
品質調整済み価格	0.118	0.000	0.122	0.000	0.160	0.000
自由度調整済み決定係数	0.304		0.380		0.263	
サンプルサイズ	98		111		134	

注：p値が0.1以下の係数に関しては下線を引いている．

することができる．なお，本研究では，市場シェア関数の説明変数として，品質調整済み価格を用いているため，各属性の係数は「割高感・割安感を一定として商品属性を付加した場合の市場シェアの変化」を表している[8]．

表4-10の推定結果より，市場シェアを拡大させる属性は，係数の符号が有意に正である「トレー型容器」（全期間），「極小粒」（1998と2000年度），そして「こだわりたれ」（1999と2000年度）であった．一方，市場シェアを縮小させる属性は，「有機・無農薬大豆」「国産大豆」（ともに2000年度）と「添加品」（全期間）であった．

ここで，ヘドニック価格関数の推計結果をもとにした表4-9より，「極小粒」「こだわりたれ」「有機・無農薬大豆」「国産大豆」，そして「添加品」を付加すると納豆の年度平均価格は上昇することが分かっている．この結果も踏まえれば，「極小粒」と「こだわりたれ」は市場価格を上昇させ，しかも市場シェアを拡大させる属性であると分かる．このような結果は，消費者のこれら2つの属性に対する選好によりもたらされたと考えられる．

　一方，「国産大豆」と「有機・無農薬大豆」「添加品」は，年度平均価格を上昇させるものの，市場シェアを縮小させることが分かった．これは，原料大豆の費用が高いなどの理由から限界費用が大きくなり，その結果もたらされる供給曲線のシフトが，これらの属性への選好により生じる需要曲線のシフトよりも大きいため生じたと考えられる．このような，大豆属性の違いによる原料価格の差違について，2001年7，8月に，納豆メーカー6社に対して聞き取り調査およびアンケート調査を行ったところ，あるメーカーから「海外産有機大豆の仕入れ価格は通常の海外産大豆の2倍，国産大豆の仕入れ価格は通常の海外産大豆の3倍強」との話を聞いた．また，「有機大豆納豆や国産大豆納豆の売上数量増加のためには，価格が安くなることが必要である」とのコメントを4社から得た．これより，国産大豆納豆や有機大豆納豆の現在の価格水準では，市場シェアの拡大には結びつかないと，メーカー側が認識していることが分かる．

　以上，質的変数で表される属性の推計結果について考察したが，こうした結果がもたらされた要因として小売店における"特売"の影響を考える必要がある．大手量販店などでは，通常販売価格より安い価格で商品の販売を行う特売を，ほぼ日替わりで行っている．今日では特売による商品の市場シェアへの影響は，無視できないほど大きなものと思われる．本研究で用いたデータは，月別の平均価格データであるので，各商品が日々どのような価格で販売され特売時にはどれくらいの価格で販売されているのか，また特売の頻度はどれくらいかということはデータからは判断できない．そのため，特売情報をモデルに組み込むことができなかった．したがって，「極小粒」や「こだわりたれ」を備

えた商品が特売になりやすい商品ならば，これらの属性が年度平均価格の上昇をもたらしたとしても，市場シェアを拡大させる属性として捉えられる可能性は大きくなる．

次に，量的変数で表わされる属性と市場シェアとの関係について見てみる．ここでは，既往研究に従い，他の属性を一定としたままで当該属性を1単位変化させたときの市場シェアの変化量を商品ごとに算出し，その変化量について商品間の平均を取って，当該属性と市場シェアとの関係を見ることにする[9]．

本研究では量的変数で表される属性はパック数のみであるので，パック数に関して，上の平均値を計算すれば，1998年度から順に0.011，0.009，0.006であった．したがって，他の条件一定の下でのパック数の増加は，商品の市場シェア拡大に貢献することが分かる．

続いて，企業ダミー変数の係数に対する解釈であるが，属性が質的変数で表される時と同様に解釈を行なう．企業ダミー変数の基準は「ヤマダフーズ」であるが，表4-10より，「タカノ」「くめ」「あづま」が全期間通して有意に正である．また，表4-9より，この3社の商品は「ヤマダフーズ」より市場価格が高くなる傾向がある．これらのことから，この3社の商品に関しては，他の属性を一定とすれば「ヤマダフーズ」の商品より市場シェアが大きくなり，市場価格も高くなるわけだが，これは消費者の3社に対する選好によりもたらされた結果と考えられる．ただ，上でも述べたように，特売の影響が含まれていることは否めない．

最後に，品質調整済み価格と市場シェアとの関係について考察する．まず，「品質調整済み価格」の有意性であるが，全期間で高くなっており，市場シェアを説明するにあたり品質調整済み価格は有効であることが分かる．また，品質調整済み価格の係数の符号は，全期間通して正である．本研究で推定を行った市場シェア関数では品質調整済み価格の係数の前にマイナスが掛かっていることも併せて考えれば，品質調整済み価格が正，すなわち実売価格が備える属性に対して割高であるときは，その商品の市場シェアは縮小するという予想したとおりの結果が得られた．

以上，本節で分析した商品属性と市場シェアとの関係についてまとめれば，市場シェアの拡大に貢献する属性は，利尻産昆布を使用するなど原料にこだわったたれであることが明らかになった．上位メーカーは近年，「かつおと昆布の合わせだしたれ」や「たまねぎだれ」「しそのり昆布たれ」などたれに特徴のある商品を開発しており，本研究で得られた結果は，市場シェアを拡大しようとする上位メーカーのこのような動きと符合するものであると言えよう[10]．

　一方，国産大豆属性は，現行の価格水準では市場シェアの拡大には貢献しない属性であることが明らかになった．そのため，次節では，国産大豆納豆の価格が下がることで，どの程度市場シェアが増加するのか，また，国産大豆使用納豆の消費拡大においては，輸入大豆使用納豆と国産大豆使用納豆のどちらの価格変化が重要であるかを解明するために，本節で用いたデータにより各種の価格弾力性の計測を行う．

第3節　国産大豆使用納豆に対する価格弾力性の計測

　本節では，納豆の価格変化に対する消費者の反応を見るために，前節で用いたスキャンデータと商品属性データを用いて，市場シェアに対する価格弾力性を推計する．分析においては特に，国産大豆使用納豆（以下，国産納豆と表記）と輸入大豆使用納豆（以下，輸入納豆と表記）とで，自己価格弾力性がどのように異なるのか，また，これら2種類の商品間で交差価格弾力性はどのように異なるのかに焦点を当てる[11]．このような弾力性の推計により，安価な輸入納豆に対して消費者がどれほど価格にセンシティブであるのか，また国産納豆の需要拡大においては，輸入納豆と国産納豆のどちらの価格変化が重要であるかが明らかになる．

1．対象商品について

　対象商品は，本データにおいて2001年4月の購入数量が上位5社のもの

で[12]．1995年4月から2001年4月までの73カ月間，サンプル世帯による購入が記録された商品のうち，「ひきわり」属性もしくは「カップ型容器」属性を備える商品を除く計17商品である．

これら17商品は，表4-11のとおりである．このうち，国産納豆は「舌鼓」と「丹精」の2商品，輸入の有機栽培大豆使用納豆（以下，有機納豆と表記）は「健膳」と「くめ有機」の2商品で，これら以外の13商品は輸入納豆（非有機栽培）である．

2. 価格弾力性の計測に用いる市場シェア関数について

価格弾力性の推計においては，吸引力型モデル（attraction model）と呼ばれ

表4-11 価格弾力性の計測における分析対象商品一覧

商品名	本書での表記	原料大豆
おかめ納豆 ザ・なっとうミニ3 50g×3	なっとうミニ	輸入
おかめ納豆 極小粒ミニ2 50g×2	極小粒ミニ2	輸入
おかめ納豆 極小粒ミニ3 50g×3	極小粒ミニ3	輸入
タカノ シージーシーコツブミニ3 50g×3	シージーシー	輸入
朝日 水戸極小3P 50g×3	水戸極小	輸入
朝日 健膳袋 50g×2	健膳	有機（輸入）
朝日 極小粒 水戸納豆 50g×3	水戸納豆	輸入
朝日 水戸こつぶ4P 50g×4	水戸こつぶ	輸入
あづま 舌鼓 45g×2	舌鼓	国産
あづま 極小 50g×3	あづま極小	輸入
くめ 元祖いきいき家族ミニ4 50g×4	くめ家族	輸入
くめ 有機・無農薬なっとうミニ3 50g×3	くめ有機	有機（輸入）
くめ 水戸撰品ミニ3 50g×3	くめ水戸	輸入
くめ 丹精 40g×2	丹精	国産
くめ 特選 味道楽ミニ2 50g×2	味道楽	輸入
くめ 本熟し小粒納豆ミニ3	本熟し	輸入
くめ 秘伝金印ミニ3 40g×3	金印	輸入

る市場シェア・モデルを用いる．この吸引力型モデルとは，マーケティング・サイエンスの分野で，商品間の競合関係や，マーケティング変数の市場シェアに及ぼす影響などを解明する際に用いられるモデルである[13]．吸引力型モデルでは，各商品の市場シェアは，商品間の「吸引力（魅力度）」の相対的な大きさにより決定されるとし，商品iのt期の市場シェア$M_{i,t}$を次のように表現する（Fok et al. [2002]）．

$$M_{i,t} = \frac{A_{i,t}}{\sum_{j=1}^{I} A_{j,t}} \quad (i=1,\ldots,I) \tag{1}$$

$A_{i,t}$は商品iのt期の吸引力であり，一般的に次のように表される．

$$A_{i,t} = \prod_{j=1}^{I}\prod_{k=1}^{K} f(x_{k,j,t})^{\beta_{k,j,i}} \tag{2}$$

ここで，$x_{k,j,t}$は商品jのマーケティング変数k（価格，広告支出など．$k=1,\cdots,K$）のt期の水準であり，$\beta_{k,j,i}$はパラメータで，商品jのマーケティング変数kが商品iの吸引力に及ぼす影響を表す．（2）式では，マーケティング変数$x_{k,j,t}$を関数$f(\cdot)$により変換しているが，主な変換方法としては，自然対数の底eを底とした指数関数による変換が挙げられる．特に，マーケティング変数$x_{k,j,t}$がダミー変数の場合には，吸引力がゼロになるのを防ぐために，指数関数などによる変換を行う必要がある．

これら（1）式と（2）式をあわせて，吸引力型モデルという．吸引力型モデルは，市場シェア・モデルが満たすべき2つの条件，①境界条件：各商品の市場シェアは1以下の正の値である，②集計条件：全商品のシェアの総和は1となる，を満たしている．各商品の吸引力$A_{i,t}$は当該商品のみならず他の商品のマーケティング変数に依存し，しかもマーケティング変数kについて，商品iが商品jの吸引力に及ぼす影響と，商品jが商品iの吸引力に及ぼす影響とが異なるように係数パラメータ$\beta_{k,j,i}$を推定するならば，商品間の競合関係を柔軟に表現できる．しかしながら，商品数とマーケティング変数が増えると，パラメータは格段に増えてしまい，分析の対象商品数を増やすことが困難になるという問題点がある．そこで，本研究では，分析対象の商品数をできる限り増や

すために，この吸引力型モデルの拡張として，片平［1981］が提案した「ブランド間類似性を入れた吸引力型シェア・モデル：Brand share Attraction Specification with Inter-brand Similarities」（以下，BASISモデルと呼ぶ）を計測することとした．このBASISモデルは，推定するパラメータ数が少ないにもかかわらず実態に即した商品間の競合関係を表現し得るモデルである．BASISモデルでは，市場シェア $M_{i,t}$ を次のように表現する．

$$M_{i,t} = \frac{\eta_{i,t}}{\sum_{j=1}^{I} \eta_{j,t}} \quad (i=1,\ldots,I) \tag{3}$$

ただし，

$$\eta_{i,t} = \prod_{j=1}^{I} \left(\frac{A_{i,t}}{A_{j,t}}\right)^{\mu^*_{i,j}} \tag{4}$$

$$\mu^*_{i,j} = \mu_{i,j} \bigg/ \sum_{i}\sum_{j} \mu_{i,j} \tag{5}$$

$$\mu_{i,j} = 1 - \left(d_{i,j}/d^*\right) \tag{6}$$

であり，$d_{i,j}$ は商品 i と商品 j の距離，d^* は商品間の距離の最大値とする．

また，BASISモデルでは，各商品の吸引力は当該商品のマーケティング変数にのみ依存するとし，

$$A_{i,t} = \prod_{k=1}^{K} f(x_{k,i,t})^{\beta_{k,i}} \tag{7}$$

とする．

このBASISモデルの特徴をいくつか述べよう．1つは，最終的に市場シェアを決定する η_i（片平［1981］は η_i を「超吸引力」と呼んでいる）は，他の商品の吸引力に依存し，結果として，すべての商品のマーケティング変数に依存することになるが，各商品の吸引力 $A_{i,t}$ は当該商品のマーケティング変数にのみ依存するとしているため，求めるパラメータの数は少なくて済むという点である．2つ目は，パラメータ数が少ないことで実態に即した商品間の競合関係を表現しにくくなるという短所を補うために，商品間の距離をモデルに組み込ん

で，類似性が大きい商品同士ほど，市場シェアの決定についてお互いの吸引力が強く影響を及ぼしあうという実態に即した状況を，モデルの中で表現している点である．(6) 式にあるように，2 商品が類似しているほど，商品間の距離 $d_{i,j}$ は小さくなり，結果として $\mu_{i,j}$ は 1 に近くなる．そして，$\mu_{i,j}$ が 1 に近いほど (5) 式にあるように $\mu^*_{i,j}$ が大きくなり，(4) 式において吸引力の比である $A_{i,t} / A_{j,t}$ が「超吸引力 η_i」に及ぼす影響が強くなる構造をしている．

3. 市場シェア関数の推定
1) 計測式

収集した属性データの下で，各商品の吸引力 $A_{i,t}$ を次のように特定化した．

$$A_{i,t} = P_{i,t}^{\beta_i} \times pack_i^{\alpha_1} \times \exp(tsubu_i)^{\alpha_2} \times \prod_{l=1}^{3} \exp(z_i^l)^{c_l} \times M_{i,t-1}^d \tag{8}$$

ただし，$P_{i,t}$ は商品 i の t 期の「1 グラム当たり価格」，$pack_i$ は商品 i の「パック数」，$tsubu_i$ は「極小粒ダミー」で商品 i が極小粒であるとき 1 となり，それ以外は 0 となる．z_i^l ($l=1,2,3$) は企業ダミー変数で，1 番目から順に「フレシア社ダミー」「あづま食品社ダミー」「くめクオリティ・プロダクツ社ダミー」であり，たとえば商品 i がフレシア社の商品であるならば，フレシア社ダミー z_i^1 は 1 となるが，それ以外の企業ダミーは 0 をとる．企業ダミー変数の基準は，タカノフーズ社である．β_i，α_k ($k=1,2$)，c_l ($l=1,2,3$) はパラメータで，各変数のパラメータは，価格については商品間で値が異なるようにしたが，それ以外の変数については自由度の確保のために，$A_{i,t}$ に及ぼす影響はすべての商品間で同一であるとした．なお，予備推計の結果，ダービン・ワトソン値が良くなかったので，1 期前の市場シェア $M_{i,t-1}$ を $A_{i,t}$ の説明変数として加えたところ，ダービン・ワトソン値は改善されたので説明変数に加えることとした．このようにラグ付きの市場シェアを $A_{i,t}$ の説明変数に加えることは，Fok et al.[2002]でも推奨されている．1 期前の市場シェアのパラメータ d については，企業ごとに値が異なるようにして求めた．

この特定化の下での交差価格弾力性と自己価格弾力性は，それぞれ次のとお

第4章　国産大豆使用商品の消費拡大に向けた条件解明

りである．

$$\frac{\partial M_{i,t}/M_{i,t}}{\partial P_{j,t}/P_{j,t}} = -\beta_j \left(\mu_{i,j}^* - \sum_{n=1}^{I} M_n \mu_{n,j}^* \right) \quad (\text{ただし } i \neq j) \tag{9}$$

$$\frac{\partial M_{i,t}/M_{i,t}}{\partial P_{i,t}/P_{i,t}} = \beta_i (1-M_i) \sum_{j=1}^{I} \mu_{i,j}^* + \beta_i \left(M_1 \mu_{1,i}^* + \cdots + M_{i-1} \mu_{i-1,i}^* + M_{i+1} \mu_{i+1,i}^* + \cdots + M_I \mu_{I,i}^* \right) \tag{10}$$

　実際の計測に際し，(3)〜(6)式の市場シェア・モデルはパラメータに関して非線形であるので，次のように変換し，パラメータに関して線形にする．まず，上に挙げた1番目から16番目の商品について，(3)式の市場シェアを17番目の商品の市場シェアで割る．続いて，その式の両辺について自然対数をとれば，次式のようになる（ただし $i = 1, \cdots, 16$）．

$$\ln M_{i,t} - \ln M_{17,t} = \ln \eta_{i,t} - \ln \eta_{17,t}$$
$$= \sum_{j=1}^{17} \mu_{i,j}^* \left(\beta_i \ln P_{i,t} + \alpha_1 \ln(pack_i) + \alpha_2 (tsubu_i) + \sum_{l=1}^{3} c_l z_i^l + d \ln M_{i,t-1} \right)$$
$$- \sum_{j=1}^{17} \mu_{17,j}^* \left(\beta_{17} \ln P_{17,t} + \alpha_1 \ln(pack_{17}) + \alpha_2 (tsubu_{17}) + \sum_{l=1}^{3} c_l z_{17}^l + d \ln M_{17,t-1} \right)$$
$$+ \sum_{n=1}^{17} \left[(\mu_{17,n}^* - \mu_{i,n}^*) \left(\beta_n \ln P_{n,t} + \alpha_1 \ln(pack_n) + \alpha_2 \ln(tsubu_n) + \sum_{l=1}^{3} c_l z_n^l + d \ln M_{n,t-1} \right) \right] \tag{11}$$

　こうして導出された(11)式が最終的な計測式であるが，推定にあたり，商品間の距離を計測して $\mu_{i,j}^*$ をあらかじめ算出しなければならない．本研究では，商品間の距離を属性の類似度に基づいて計測することとした．「グラム数」「パック数」「1グラム当たり価格の平均値」といった数値で計測できる3つの属性のほかに，「国産大豆を使用しているか否か」といった質的な属性の情報も距離の計測に用いるため，「粒の大きさが極小粒か否か」「粒の大きさが小粒か否か」「国産大豆を使用しているか否か」「有機大豆を使用しているか否か」「たれが工夫されたものか否か」「たれ・からし以外に添付品があるか否か」といった6つの質的な属性について数量化3類を適用し，各商品に5つのスコアを割り当てることとした[14]．その結果，3つの量的な属性と，5つの商

表4-12 他の商品との平均距離

なっとうミニ	3.7733
極小粒ミニ2	3.1019
極小粒ミニ3	2.3771
シージーシー	2.3785
水戸極小	2.3941
健膳	4.9222
水戸納豆	2.4295
水戸こつぶ	4.4622
舌鼓	5.2830
あづま極小	2.3778
くめ家族	4.4721
くめ有機	4.9139
くめ水戸	2.4126
丹精	5.7494
味道楽	3.2376
本熟し	2.4716
金印	2.4883

品スコアの計8変数により,商品間の距離を求めた[15].各商品について,他の商品との平均距離を表4-12に示す.これを見ると,商品数の少ない国産納豆や有機納豆において平均距離が大きいことが分かる.

2) 推定結果

(11)式の16本の方程式について,SUR (seemingly unrelated regression)法によりパラメータを推定した.観測期間は73カ月間であるが,価格の外れ値が見られた月を除去し,最終的に得られたオブザベーション数は68であった.パラメータの推定結果を表4-13に示す.ここで,$B1 \sim B17$ は(8)式中の β_i ($i=1,\cdots,17$) であり,1番目から順に,なっとうミニ,極小粒ミニ2,極小粒ミニ3,シージーシー,水戸極小,健膳,水戸納豆,水戸こつぶ,舌鼓,あづま極小,くめ家族,くめ有機,くめ水戸,丹精,味道楽,本熟し,金印に対応する.

また,$A1$, $A2$ は α_k ($k=1,2$),$C1 \sim C3$ は c_l ($l=1,2,3$) を表し,$D1 \sim D4$ は1期

表4-13 BASISモデルの推定結果

	推定値		t値
$B1$	-32.4704	＊	-5.3351
$B2$	-8.8837		-1.6838
$B3$	-0.9620		-0.2933
$B4$	17.4039	＊	3.6645
$B5$	27.0452	＊	4.6953
$B6$	-56.3235	＊	-2.8009
$B7$	10.8193	＊	2.5002
$B8$	-43.5996	＊	-10.2309
$B9$	-51.1142	＊	-8.1268
$B10$	-6.4916		-1.2029
$B11$	-34.1953	＊	-8.5475
$B12$	48.7320	＊	10.0838
$B13$	-6.4418	＊	-3.1072
$B14$	-14.4168	＊	-4.2224
$B15$	31.4926	＊	7.4563
$B16$	-12.7338	＊	-2.3484
$B17$	-21.8660	＊	-4.4282
$A1$	14.1150	＊	5.2663
$A2$	17.5102	＊	6.9502
$C1$	-14.8833	＊	-4.2667
$C2$	2.1533		0.2477
$C3$	-12.0671	＊	-4.8856
$D1$	12.0308	＊	31.5669
$D2$	8.5626	＊	12.0944
$D3$	13.7707	＊	9.5355
$D4$	10.7860	＊	23.2558

注：有意水準5％で有意な場合には＊を付加している．

前の市場シェアのパラメータ d の，企業ごとの値（1から順にタカノフーズ社，フレシア社，あづま食品社，くめクオリティ・プロダクツ社）を示している．16本すべての結果は省略するが，決定係数は平均して0.803で，最大値0.894，最小値0.666であり，当てはまりは良好である．また，ダービン・ワトソン値は平均で2.314，最大値と最小値はそれぞれ2.879，1.246であり，オブザベーション数と説明変数の数を考慮すればおおむね良好であろう．

これら推定されたパラメータを用いて価格弾力性を計算し，推定結果につい

て考察を行う．（9）式と（10）式中の市場シェアについては，観測期間の平均値を用いた．計算結果は表 4-14, 4-15 のとおりである．この表では，表側にある商品の価格が 1% 変化したときの，表頭の商品の市場シェアの変化率（%）が書かれている．例えば，1 行 2 列目の数値 0.0608 は，「なっとうミニ」の価格が 1% 変化したときの「極小粒ミニ 2」の市場シェアの変化率を表す．

まず，自己価格弾力性の結果について見てみよう．自己価格弾力性は，本来，マイナスの符号が期待されるが，有意にマイナスなものが 9 商品ある一方で，有意にプラスなものが 5 商品あった．自己価格弾力性がプラスである商品に共通する属性は見られないが，これらの商品の主な購買者が当該商品にロイヤリティを持つ消費者であり，「価格が高くなっても買う」という購買行動をとることにより，このような結果が生じたものと考えられる[16]．

次に，交差価格弾力性の結果であるが，符号がプラスのものは 2 商品間で「価格を下げると相手の市場シェアが減少する」という競合関係が存在することを意味し，マイナスのものは「価格を下げると相手の市場シェアも増える」という補完関係が存在することを意味する．いくつかの商品間では有意にマイナスの結果がもたらされたが，同じ商品カテゴリー内で，このような補完関係が実際に存在するとは考えにくいので，マイナスの符号がもたらされた 2 商品については競合関係が存在しないものとして解釈する．ここでは，2 商品間の交差価格弾力性がともに有意にプラスであったものだけを表 4-16 に取り上げ，この表をもとに考察を行う．この表では，例えば 1 行 1 列目の数値 0.0514 は，「舌鼓」の価格に対する「なっとうミニ」の市場シェアの弾力性を表し，1 行 2 列目の数値 0.0172 は，「なっとうミニ」の価格に対する「舌鼓」の市場シェアの弾力性を表す．

本分析で特に関心のあるのは，商品価格帯と大豆属性が異なる，国産納豆と輸入納豆，有機納豆と輸入納豆との関係である．これらの関係について，非常に興味深い結論が得られた．それは交差価格弾力性の非対称性であり，すべての商品間で，値下げにより，国産納豆や有機納豆が輸入納豆から市場シェアを奪う程度は，輸入納豆が国産納豆や有機納豆から市場シェアを奪う程度よりも

第4章　国産大豆使用商品の消費拡大に向けた条件解明

表4-14　価格弾力性の計測結果 I

		なっとうミニ		極小粒ミニ2		極小粒ミニ3		ジージー		水戸極小		健膳		水戸納豆		水戸こつぶ	
								市場シェア									
価格	なっとうミニ	-1.8068	*	0.0608	*	0.0781	*	0.0781	*	0.0784	*	0.0302	*	0.0785	*	0.1061	*
	極小粒ミニ2	0.0152		-0.5664	*	0.0275		0.0275		0.0273		0.0144		0.0271		0.0046	
	極小粒ミニ3	0.0019		0.0027		-0.0614	*	0.0043		0.0042		0.0008		0.0041		0.0014	
	ジージー	-0.0338	*	-0.0487	*	-0.0780	*	1.2844	*	-0.0758	*	-0.0154	*	-0.0743	*	-0.0246	*
	水戸極小	-0.0532	*	-0.0754	*	-0.1188	*	-0.1182	*	1.9919	*	-0.0238	*	-0.1198	*	-0.0391	*
	健膳	0.0736	*	0.1222	*	0.0971	*	0.0973	*	0.0961	*	-2.3182	*	0.0952	*	0.0186	*
	水戸納豆	-0.0214	*	-0.0301	*	-0.0467	*	-0.0465	*	-0.0481	*	-0.0095	*	0.7887	*	-0.0159	*
	水戸こつぶ	0.1475	*	0.0348	*	0.0870	*	0.0869	*	0.0876	*	0.0029	*	0.0879	*	-1.9945	*
	舌鼓	0.0514	*	0.1008	*	0.0746	*	0.0749	*	0.0727	*	0.0617	*	0.0713	*	0.0018	*
	あづま家族	0.0126	*	0.0199	*	0.0270	*	0.0271	*	0.0266	*	0.0068	*	0.0261	*	0.0084	*
	くめ有機	0.1156	*	0.0272	*	0.0681	*	0.0680	*	0.0687	*	0.0021	*	0.0689	*	0.1723	*
	くめ水戸	-0.0735	*	-0.0722	*	-0.0921	*	-0.0921	*	-0.0922	*	-0.0273	*	-0.0922	*	-0.0556	*
	丹精	0.0127	*	0.0179	*	0.0280	*	0.0279	*	0.0288	*	0.0057	*	0.0289	*	0.0094	*
	味道楽	0.0071	*	0.0260	*	0.0169	*	0.0171	*	0.0157	*	0.0166	*	0.0149	*	-0.0067	*
	未熟し	-0.0498	*	-0.1317	*	-0.0924	*	-0.0927	*	-0.0905	*	-0.0520	*	-0.0890	*	-0.0131	*
	木熟し	0.0246	*	0.0416	*	0.0496	*	0.0497	*	0.0492	*	0.0146	*	0.0488	*	0.0150	*
	金印	0.0418		0.0716		0.0844		0.0846		0.0831		0.0255		0.0821		0.0253	

注：有意水準5％で有意なものについては＊を付加している。網掛け部分は、自己価格弾力性である。

表4-15 価格弾力性の計測結果 Ⅱ

		舌鼓	あづま極小	くめ家族	市場シェア くめ有機	くめ水戸	丹精	咲道楽	本熟し	金印
価格	なっとうミニ	0.0172 *	0.0766 *	0.1059 *	0.0381 *	0.0785 *	-0.0035 *	0.0554 *	0.0747 *	0.0738 *
	極小粒ミニ2	0.0118	0.0295	0.0045	0.0087	0.0272	0.0092	0.0368	0.0308	0.0308
	極小粒ミニ3	0.0005	0.0040	0.0014	0.0010	0.0042	0.0001	0.0025	0.0037	0.0036
	シージーシー	-0.0091 *	-0.0718 *	-0.0245 *	-0.0190 *	-0.0749 *	-0.0021 *	-0.0453 *	-0.0663 *	-0.0655 *
	水戸極小	-0.0134 *	-0.1097 *	-0.0390 *	-0.0299 *	-0.1207 *	-0.0010 *	-0.0688 *	-0.1024 *	-0.1004 *
	健膳	0.0624 *	0.1035 *	0.0181 *	0.0338 *	0.0956 *	0.0521 *	0.1212 *	0.1067 *	0.1074 *
	水戸納豆	-0.0052 *	-0.0434 *	-0.0158 *	-0.0121 *	-0.0487 *	0.0001 *	-0.0272 *	-0.0407 *	-0.0398 *
	水戸こつぶ	-0.0143 *	0.0796 *	0.2195 *	0.0400 *	0.0878 *	-0.0416 *	0.0285 *	0.0725 *	0.0712 *
	舌鼓	-1.8636 *	0.0824 *	0.0011 *	0.0270 *	0.0718 *	0.0562 *	0.1063 *	0.0857 *	0.0877 *
	あづま極小	0.0047	-0.4813	0.0083	0.0072	0.0263	0.0025	0.0189	0.0273	0.0272
	くめ家族	-0.0115 *	0.0622 *	-1.5952 *	0.0314 *	0.0688 *	-0.0334 *	0.0219 *	0.0567 *	0.0556 *
	くめ有機	-0.0190 *	-0.0908 *	-0.0554 *	2.0128 *	-0.0922 *	-0.0017 *	-0.0666 *	-0.0885 *	-0.0878 *
	くめ水戸	0.0031 *	0.0259 *	0.0094 *	0.0072 *	-0.4703 *	0.0001 *	0.0163 *	0.0243 *	0.0238 *
	丹精	0.0177 *	0.0202 *	-0.0071 *	0.0044 *	0.0152 *	-0.4396 *	0.0322 *	0.0211 *	0.0226 *
	咲道楽	-0.0467 *	-0.1009 *	-0.0127 *	-0.0286 *	-0.0896 *	-0.0476 *	1.9376 *	-0.1044 *	-0.1067 *
	本熟し	0.0106 *	0.0541 *	0.0149 *	0.0141 *	0.0489 *	0.0062 *	0.0391 *	-0.9178 *	0.0565 *
	金印	0.0192 *	0.0928 *	0.0251 *	0.0241 *	0.0825 *	0.0132 *	0.0689 *	0.0964 *	-1.5734 *

注：有意水準5％で有意なものについては*を付加している．網掛け部分は，自己価格弾力性である．

第 4 章　国産大豆使用商品の消費拡大に向けた条件解明

表 4-16　商品間の競合関係

国産納豆（前者）	輸入納豆（後者）	前者→後者	後者→前者
「舌鼓」	『なっとうミニ』	0.0514	0.0172
「舌鼓」	「くめ水戸」	0.0718	0.0031
「舌鼓」	「本熟し」	0.0857	0.0106
「舌鼓」	「金印」	0.0877	0.0192
「丹精」	「水戸納豆」	0.0149	0.0001
「丹精」	「くめ水戸」	0.0152	0.0001
「丹精」	「本熟し」	0.0211	0.0062
「丹精」	「金印」	0.0226	0.0132
有機納豆（前者）	輸入納豆（後者）		
「健膳」	「なっとうミニ」	0.0736	0.0302
「健膳」	「水戸こつぶ」	0.0186	0.0029
「健膳」	「くめ家族」	0.0181	0.0021
「健膳」	「くめ水戸」	0.0956	0.0057
「健膳」	「本熟し」	0.1067	0.0146
「健膳」	「金印」	0.1074	0.0255
有機納豆（前者）	国産納豆（後者）		
「健膳」	「舌鼓」	0.0624	0.0617
「健膳」	「丹精」	0.0521	0.0166
国産納豆同士			
「舌鼓」	「丹精」	0.0562	0.0177
輸入納豆同士			
「なっとうミニ」	「くめ水戸」	0.0785	0.0127
「なっとうミニ」	「本熟し」	0.0747	0.0246
「なっとうミニ」	「金印」	0.0738	0.0418
「水戸こつぶ」	「なっとうミニ」	0.1475	0.1061
「水戸こつぶ」	「くめ家族」	0.2195	0.1723
「水戸こつぶ」	「くめ水戸」	0.0878	0.0094
「水戸こつぶ」	「本熟し」	0.0725	0.0150
「水戸こつぶ」	「金印」	0.0712	0.0253
「くめ家族」	「なっとうミニ」	0.1156	0.1059
「くめ家族」	「くめ水戸」	0.0688	0.0094
「くめ家族」	「本熟し」	0.0567	0.0149
「くめ家族」	「金印」	0.0556	0.0251
「本熟し」	「くめ水戸」	0.0489	0.0243
「金印」	「くめ水戸」	0.0825	0.0238
「金印」	「本熟し」	0.0964	0.0565

注：前者（後者）→後者（前者）：前者（後者）の価格に対する，後者（前者）の市場シェアの弾力性を表している．

大きいということである．このような品質が異なる商品間の競合関係について，「値下げにより，高価格・高品質商品が低価格商品から市場シェアを奪う程度は，低価格商品が高価格商品から市場シェアを奪う程度よりも大きい」ということが，既往研究で実証的に明らかにされており，このような現象は「非対称価格効果」と呼ばれている（Blattberg and Wisniewski [1989]，Sethuraman et al. [1999]）．納豆においては，国産納豆や有機納豆は輸入納豆に比べて平均価格が高く[17]，今回，納豆で得られた本研究の結果は，既往研究で得られた「非対称価格効果」と一致するものであろう．今回の結果は，輸入納豆を購入している消費者の中には，国産納豆の値下げにより国産納豆の購入にスイッチする消費者が存在し，国産納豆の販売促進においては，輸入納豆の価格変化よりも国産納豆自身の値下げの方が重要であることを示唆している[18]．

一方，属性が類似している国産納豆同士や輸入納豆同士の競合関係では，国産納豆と輸入納豆の間で見られた関係に比べて，全体的に非対称性の程度は小さかった．最後に，競合関係全体において，個々の弾力性の大きさは輸入納豆同士で大きくなっており，この結果より，輸入納豆の購買者の多くは価格に敏感に反応して商品をスイッチしていることが分かる．

第4節　まとめ

以上，本章では，第1節において『家計調査年報』より，豆腐および納豆の消費動向を概観するとともに，これら2つの品目の今後の需要動向を考察した．そして，第2節と第3節では，納豆における商品レベルの購買データ，および商品を構成する属性データを用いて，国産大豆属性に対する消費者評価の計測と，国産大豆使用納豆を中心とした価格弾力性の計測を行った．

豆腐および納豆の消費動向については，豆腐の消費量は安定的に推移しており，一方で，納豆は，近年まで消費量が増加していた．しかしながら，世帯主の年齢階級が高いほど消費量が多く，2005年時点で，豆腐については49歳以下の層は70歳以上の層に比べ概ね半分以下の消費水準であり，納豆について

は39歳以下の層は70歳以上の層に比べ概ね半分の水準となっている．そのため，現行の消費水準のまま若い世代が年齢を重ねていけば，人口の減少と相俟って，各品目とも国内需要が縮小していく可能性は大きい．

このような品目別の需要動向のなかで，国産大豆を使った商品に対する消費者評価を，商品レベルの購買データと商品属性データから計測した．その結果，「国産大豆」属性に対しては，現行の価格水準のままでは，市場シェアを縮小させる属性であることが分かった．そして，価格弾力性を計測したところ，国産納豆が価格を下げることで輸入納豆から市場シェアを奪う程度は大きいが，輸入納豆が値上げすることで国産納豆の市場シェアが増加する割合は前者ほど大きくないことが明らかになった．このことは，国産納豆の販売促進においては，輸入納豆の価格変化よりも国産納豆自身の値下げの方が重要であることを示唆しており，国産大豆使用商品の消費拡大には値下げは欠かせないといえる．

さらに，こうした値下げ以外に，国産大豆使用商品の消費拡大方策として，消費者の健康志向に対応した国産大豆使用商品の開発が考えられる．第1節で述べたように，各業界団体によるアンケート調査結果において，豆腐や納豆の消費理由として，納豆においては「栄養が豊富」，豆腐においては「健康に良い」がそれぞれ最上位に挙げられた．そのため，こうした豆腐や納豆に対する消費者の健康機能性需要に対応した国産大豆使用商品の開発は，国産大豆の消費拡大方策として有効と思われ，具体的には機能性成分を有する品種を使った商品の開発が考えられる[19]．

注
1) 本章の第1節は田口［2002］および田口［2003］を，本章の第2節は田口［2006］を加筆・修正したものである．
2) 加重平均のウエートは，商品の年度集計購入数量を分母とし，その商品の各月の購入数量を分子としたものである．
3) 匂い・味などの食品の官能属性を取り扱うのは専門知識・技術を必要とするため，官能属性を扱っている既往研究は稀である．筆者の知る限りだと，ヘドニック価格の

(84)

推定を，ワインを対象に行った Combris et al. [1997] や，緑茶を対象に行った栗原・田中 [2004] が挙げられる．Combris et al. [1997] では，ワインのレビューブックの官能評価を基に，栗原・田中 [2004] では日本茶インストラクターによる官能審査を基に官能属性データを作成している．本研究の対象である納豆では，このような専門家による官能評価のデータが見当たらなかったので，今回は官能属性データの取り扱いを放棄せざるを得なかった．

4) 1998 年度や 1999 年度の時点ではまだ発売されていなかった商品もあり，1998 年度と 1999 年度のサンプル商品数はそれぞれ 98，111 である．

5) 品質調整済み価格を市場シェア関数の説明変数とする推計上のメリットとしては，ヘドニック価格関数に見られるような価格と属性間の関係性を取り除くことができ，市場シェア関数の説明変数間の多重共線性を回避できるということが挙げられる．

6) Box-Cox 検定の結果，線形，片対数，両対数のうち最も当てはまりが良かったのが両対数であった．

7) 両対数のヘドニック価格関数では，属性が量的変数である場合，係数に 100 を掛けることによって変化率を見ることができる．一方，属性が質的変数である場合，Halvorsen and Palmquist [1980] によれば，質的変数の係数を仮に c としたとき，$100 \times |\exp(c) - 1|$ といった変換を行うことによって変化率を見ることができる．

8) 市場シェア関数の変数として属性と品質調整済み価格を用いることは，説明変数同士の多重共線性を回避できるメリットがあるが，「商品価格を一定として商品属性を付加した場合の市場シェアの変化」を分析できないという欠点もある．既往研究において，販売価格と品質調整済み価格を同時に説明変数として用いたものは見受けられないが，この点は今後の 1 つの課題としたい．

9) Trajtenberg [1990] の p.130 を参照した．この指標を数式で表せば，次のとおりである．まず以下のように，属性 j についての市場シェア関数の偏微係数を考える．ただし，i は商品の番号である．

$$\frac{\partial s_i}{\partial z_{ij}} = \frac{\partial s_i}{\partial \exp(V_i)} \times \frac{\partial \exp(V_i)}{\partial V_i} \times \frac{\partial V_i}{\partial z_{ij}} = s_i(1-s_i)(a_j + 2b_j z_{ij})$$

この偏微係数に関して次式のように商品間の平均をとる．

$$d\bar{s}_j \equiv \frac{1}{n}\sum_{i=1}^{n} \frac{\partial s_i}{\partial z_{ij}}$$

この平均値を評価することによって，属性 j が市場シェアにどのように影響を及ぼすのか知ることができる．

10) 分析で用いたデータは 1998～2001 年のものであるが，市場シェアの拡大に貢献する属性と推計された「こだわりたれ」による製品差別化は，現在も主流であるといえる．一方，第 4 章第 1 節で述べた消費者の健康機能性需要に訴求した製品差別化も上位メーカーを中心に近年活発になっており，タカノフーズ社の「発酵コラーゲン納豆」や，ミツカン社の「金のつぶ納豆ほね元気」などが挙げられる．

11) わが国において食品を対象に，商品（アイテム）レベルの販売データを用いて商品間の交差価格弾力性を推定した既往研究は，上田［1986］，高橋［1992］，庄野ら［2000］が挙げられる．上田［1986］はケチャップ，マヨネーズ，冷凍惣菜を対象とし，高橋［1992］は牛乳，庄野ら［2000］は牛乳，還元乳，チーズならびにヨーグルトを対象としている．分析に用いたデータは，上田［1986］と高橋［1992］が商品別・週別の POS データ（1店舗），庄野ら［2000］が商品別・日別の POS データ（1店舗）である．交差価格弾力性の計測にあたっては，いずれの論文も，売上数量を被説明変数として価格などを説明変数とする線形の計測式を推定することにより求めている．
12) 上位5社の内訳は，上位から順にタカノフーズ，フレシア，くめクオリティ・プロダクツ，旭松食品，あづま食品である．
13) 吸引力型モデルは，魅力度モデルとも呼ばれる．
14) 数量化3類を適用する際のデータ形式は自由選択型とした．
15) 距離は重みつきのユークリッド距離で求めた．x^k ($k=1,\cdots,K$) を属性（量的データ）としたとき，商品 i と j の重みつきユークリッド距離は以下のとおりである．ここで，w_k は属性 x^k に対する重みであり，本研究では，$w_k = 1/\sigma_k$（σ_k は属性 x^k の分散）とした．
$$d_{i,j} = \sqrt{\sum_{k=1}^{K} w_k \left(x_i^k - x_j^k\right)^2}$$

16) 消費者のロイヤリティの存在については，各消費者の購買履歴を調べることにより把握できるが，手元にあるデータは商品ごとに集計された購入数量データであるため，消費者の購買履歴まで調べることはできなかった．
17) 本研究のデータでは，1995年4月から2001年4月の1グラム当たり平均価格は，国産納豆は輸入納豆の2.6倍，有機納豆は輸入納豆の1.1倍であった．
18) 注の17にもあるように，1グラム当たり平均価格は国産納豆は輸入納豆より2.6倍高い．こうした価格差の多くは，原料大豆の価格差に由来するものであり，60kg当たりの輸入大豆価格は約6,000円（図1-3，2015年1月）であるが，国産大豆約14,000円（表1-2，2013年産）となっており，大きな開きがある．
19) 近年育成された機能性成分を有する品種としては，アントシアニン含量が多く抗酸化活性も高い「クロダマル」や，イソフラボン含量が高い「ゆきぴりか」，機能性蛋白質 β-コングリシニンが豊富な「ななほまれ」などが挙げられる．

補論　製品属性を説明変数に組み込んだ市場シェア関数の特定化

本分析では，消費者の購買行動として，確率効用関数を用いた消費者の離散選択行動を考える．そこでまず始めに，製品選択の際の評価関数である効用関数の特定化を行い，次に確率効用関数の確率項にガンベル分布を仮定することによって，ロジットモデルをもとにした市場シェア関数を導出する．

消費者は，最大の効用を与える「属性の組み合わせ」を持つ製品を1回の購買において1単位のみ購入するものと仮定する．この効用最大化問題をTrajtenberg［1990］に従って，以下のように定式化する．

$$\max_{i=1,\cdots,n,x} U(z^i, x) + \varepsilon_i$$
$$s.t. \quad P_i + x = y \tag{1}$$

なお，$U(\cdot)$ は効用関数，x は納豆以外のすべての財を1つにまとめた合成財の数量であり，その価格は1とする．y は消費支出，ε_i は製品 i の観察不可能な属性の存在により生じる独立かつ同一の分布に従う確率項を表す．

制約条件から $x = y - P_i$ であるので，この式を効用関数に代入し，確定効用を

$$V_i \equiv V(z^i, y - P_i)$$

とすれば，（1）式の効用最大化問題は，以下のような確率間接効用関数を用いた効用最大化問題に置き換えられる．

$$\max_{i=1,\cdots,n} V_i + \varepsilon_i \tag{2}$$

1. 効用関数の特定化

本節では，間接効用関数 V_i $(i=1,\cdots,n)$ の特定化を行う．なお，今回消費者の支出データが入手できなかったので消費支出 y を変数から削除して間接効用関数を特定化する．もちろん，消費支出が各製品から得られる効用水準に影響を及ぼし，その結果，消費支出水準 y の相違によって選好する製品も異なる可

第 4 章　国産大豆使用商品の消費拡大に向けた条件解明　　(87)

能性もあるが，本研究の対象である納豆は単価が安いため，消費支出の相違により選好する製品も異なるという可能性は小さいと考えられる．そのため，各消費者は製品属性と製品の価格に依存して購入する製品を決めるものと考える．

消費支出 y を削除し，V_i を次のように特定化した．ただし，α はパラメータであり，$v(z)$ は属性ベクトル z の消費により得られる効用を表す．

$$V_i = -\alpha P_i + v(z^i) \tag{3}$$

一方，価格 P_i はヘドニック価格関数 $P(z)$ を用いて以下のように表せる．

$$P_i = P(z^i) + \widetilde{P}_i \tag{4}$$

この (4) 式を (3) 式に代入すれば次のとおりである．

$$\begin{aligned} V_i &= -\alpha\left[P(z^i) + \widetilde{P}_i\right] + v(z^i) \\ &= v(z^i) - \alpha P(z^i) - \alpha \widetilde{P}_i \end{aligned} \tag{3'}$$

ここで，

$$A(z) \equiv v(z) - \alpha P(z) \tag{5}$$

とおく．$A(z)$ は属性ベクトル z を変数とする関数であり，属性の消費から得られる効用 $v(z)$ とヘドニック価格関数 $P(z)$ の差として定義する．

このとき，V_i は以下のように表わされる．

$$V_i = A(z^i) - \alpha \widetilde{P}_i \tag{6}$$

$A(z)$ を z に関して最大化するとき，内点解 z^* が存在したとする．このとき，$A(z)$ が 2 つの関数 $v(z)$ と $P(z)$ から構成されていることを考慮して，$A(z)$ の近似式と極大化の 2 階の条件を考える．

Trajtenberg [1990] に従い，$v(z)$ は凹関数（あるいは準凹関数），ヘドニック価格関数 $P(z)$ は凸関数（あるいは準凸関数）であると仮定する．そこで，

と仮定する．

$$v(z) = \sum_{j=1}^{k} f^j(z_j) \quad \text{ただし，} f^j(z_j) \text{は第} j \text{属性の準凹関数} \tag{7}$$

と仮定する．

一方，ヘドニック価格関数を

$$P(z) = \sum_{j=1}^{k} g^j(z_j) \quad \text{ただし，} g^j(z_j) \text{は第} j \text{属性の準凸関数} \tag{8}$$

と仮定する．

このとき，$A(z)$ は

$$A(z) = \sum_{j=1}^{k} \left[f^j(z_j) - \alpha g^j(z_j) \right] \tag{9}$$

と表わせる．

(9) 式に関して，内点解 z^* 近傍におけるテイラー展開を行う．(9) 式は，1つの属性のみを変数とした関数 $f^j(z_j)$，$g^j(z_j)$ の和になっている．したがって，$A(z)$ のヘッセ行列において，対角成分以外の成分はすべてゼロとなる．また，内点解で評価していることから，全ての j（$j=1,\cdots,k$）に対して，$A_j(z^*) = 0$ が成立する．これらのことに注意すれば，内点解 z^* 近傍でのテイラー展開による 2 次近似式は以下のとおりである．

$$A(z) \cong A(z^*) + \frac{1}{2}(z_1 - z_1^*, \cdots, z_k - z_k^*) \begin{bmatrix} A_{11}(z^*) & 0 & \cdots & \cdots & 0 \\ 0 & \ddots & & & \vdots \\ \vdots & & A_{jj}(z^*) & & \vdots \\ \vdots & & & \ddots & 0 \\ 0 & \cdots & \cdots & 0 & A_{kk}(z^*) \end{bmatrix} \begin{pmatrix} z_1 - z_1^* \\ \vdots \\ z_k - z_k^* \end{pmatrix} \tag{10}$$

上の式を展開すれば，次のとおりである．

$$A(z) \cong A(z^*) + \frac{1}{2} \sum_{j=1}^{k} A_{jj}(z^*) z_j^{*2} - \sum_{j=1}^{k} A_{jj}(z^*) z_j^* z_j + \frac{1}{2} \sum_{j=1}^{k} A_{jj}(z^*) z_j^2 \tag{10'}$$

ここで，$A(z^*) + \frac{1}{2} \sum_{j=1}^{k} A_{jj}(z^*) z_j^{*2}$ は定数であり，全製品の効用関数に共通に

入ってくるので，製品間の効用を相対的に比較する際には，考慮に入れる必要はない．また，$a_j = -A_{jj}(z^*)z_j^*$，$b_j = \frac{1}{2}A_{jj}(z^*)$ とおく．

その結果，$A(z)$ の効用最大化問題の解は，次の効用関数による最大化問題の解と同一になる．ただし，a_j，b_j $(j=1,\cdots,k)$ はパラメータである．

$$A(z) = \sum_{j=1}^{k}\left(a_j z_j + b_j z_j^2\right) \tag{11}$$

この (11) 式において極大化の2階の条件は，ヘッセ行列

$$\begin{bmatrix} 2b_1 & 0 & \cdots & \cdots & 0 \\ 0 & \ddots & & & \vdots \\ \vdots & & 2b_j & & \vdots \\ \vdots & & & \ddots & 0 \\ 0 & \cdots & \cdots & 0 & 2b_k \end{bmatrix} \tag{12}$$

が負値定符号行列であることである．

よって，(6) 式および (11) 式から，製品 i を 1 単位消費することにより得られる効用は，品質調整済み価格を変数とする以下の間接効用関数で表される．

$$V_i = \sum_{j=1}^{k}\left(a_j z_{ij} + b_j z_{ij}^2\right) - \alpha \widetilde{P}_i \tag{13}$$

2. 市場シェア関数の特定化

(2) 式の確率項 ε_i $(i=1,\cdots,n)$ に関してガンベル分布を仮定すれば，消費者が製品 m を選択する確率 Pr_m は次の式で表される[1]．なお，e は自然対数の底である．

$$\Pr_m = \frac{e^{V_m}}{\sum_{i=1}^{n} e^{V_i}} \tag{14}$$

今回は消費者属性についてのデータが手に入らなかったので，市場に参加し

ている消費者の嗜好・属性の同質性を仮定し，その市場の代表的消費者の製品選択行動を想定する．代表的消費者が製品 m を選択する確率は，その市場における製品 m の市場シェアとして解釈できるので，製品 m の市場シェアを s_m とすれば，s_m の自然対数は次の式で表される．

$$\ln s_m = V_m - \ln \sum_{i=1}^{n} e^{V_i} \tag{15}$$

よって，（13）式と（14）式から，次の（16）式を市場シェア関数として特定化する．

$$\ln s_m = \sum_{j=1}^{k} \left(a_j z_{mj} + b_j z_{mj}^2\right) - \alpha \widetilde{P}_m - \ln \sum_{i=1}^{n} e^{\left[\sum_{j=1}^{k}\left(a_j z_{ij} + b_j z_{ij}^2\right) - \alpha \widetilde{P}_i\right]} \qquad m = 1, \cdots, n \tag{16}$$

以上より，間接効用関数中に品質調整済み価格を導入し，その間接効用関数を用いて市場シェア関数を特定化することができた．このとき，市場シェアの交差価格弾力性と自己価格弾力性はそれぞれ次のとおりである．

$$E_{mi} = \frac{\partial s_m}{\partial \widetilde{P}_i} \frac{\widetilde{P}_i}{s_m} = \frac{\partial \ln s_m}{\partial \widetilde{P}_i} \widetilde{P}_i = \alpha \widetilde{P}_i s_i \qquad (m, \ i = 1, \cdots, n \quad \text{ただし } m \neq i) \tag{17}$$

$$E_{mm} = \frac{\partial s_m}{\partial \widetilde{P}_m} \frac{\widetilde{P}_m}{s_m} = \frac{\partial \ln s_m}{\partial \widetilde{P}_m} \widetilde{P}_m = \alpha \widetilde{P}_m (s_m - 1) \qquad (m = 1, \cdots, n) \tag{18}$$

3. 製品間の属性類似度を考慮した市場シェア関数の特定化

（17）式の市場シェアの交差価格弾力性は製品 m の変数にまったく依存しておらず，製品 i を除くすべての製品において，品質調整済み価格による市場シェアの交差価格弾力性は同一になる．すなわち，

$$E_{1i} = \cdots = E_{hi} = E_{ji} = \cdots = E_{ni} = \alpha \widetilde{P}_i s_i \quad (i = 1, \cdots, n)$$

が常に成立することになる．これは，ロジットモデルの IIA（Independence from Irrelevant Alternatives，無関係な代替案からの独立）特性と呼ばれる性質によって生じるものである[2]．

この交差価格弾力性に関する性質は，対象としている製品群が同質的である

場合には問題ではない．しかし，本研究の対象である納豆においては，用いる原料などの差異による製品差別化が進んでおり，上記の制約は大きな問題であると思われる．

そこで本研究では，上記の交差価格弾力性の制約を緩めるべく，属性が似ている2製品間では交差価格弾力性が大きくなり，属性が似ていない2製品間では交差価格弾力性が小さくなるように市場シェア関数を特定化する．

製品間の属性類似度を定量的に把握するために，属性空間における製品間の「距離」を考える．そして，2製品間の距離が小さいほど交差価格弾力性が大きくなり，逆に距離が大きいほど交差価格弾力性は小さくなると仮定する．この関係を表せば次のとおりである．

$$E'_{mi} = E_{mi}/e^{d_{mi}} = \left(\frac{\partial s_m}{\partial \widetilde{P}_i}\frac{\widetilde{P}_i}{s_{mi}}\right)\Big/e^{d_{mi}} = \alpha\widetilde{P}_i s_i / e^{d_{mi}}$$

$$(m,\ i = 1,\cdots,n\ \ ただし\ m \neq i) \tag{19}$$

ここで，d_{mi}は製品mと製品iの属性空間における距離を表す[3]．(19)式のような市場シェアの交差価格弾力性を導出させる市場シェア関数は，次の(20)式である．

$$\ln s_m = \sum_{j=1}^{k}\left(a_j z_{mj} + b_j z_{mj}^2\right) - \alpha\widetilde{P}_m - \ln\sum_{i=1}^{n} e^{\left[\sum_{j=1}^{k}\left(a_j z_{ij} + b_j z_{ij}^2\right) - \frac{\alpha}{e^{d_{mi}}}\widetilde{P}_i\right]} \tag{20}$$

このとき，製品mの市場シェアの自己価格弾力性は，次のようになる．

$$E_{mm} = \frac{\partial s_m}{\partial \widetilde{P}_m}\frac{\widetilde{P}_m}{s_m} = \widetilde{P}_m\left(-\alpha + \frac{\alpha s_m}{e^{d_{mm}}}\right) \tag{21}$$

さらに，自己価格弾力性と他の製品との属性類似度の関係について考える．現実的には，属性が類似した競合財が少ないほど自己価格弾力性は小さくなり，逆に競合財が多いほど自己価格弾力性は大きくなると思われる．この関係をモデルに取り込むべく，属性空間における他の製品との「平均距離」を考える．そして，他の製品との「平均距離」が大きいほど自己価格弾力性は小さくなり，逆に「平均距離」が小さいほど自己価格弾力性は大きくなると仮定する．

この関係をモデルにおいて表現するために，(21) 式の $-\alpha \widetilde{P}_m$ という項を $-\dfrac{\alpha}{\bar{d}_m}\widetilde{P}_m$ と置き換える（ここで，$\bar{d}_m$ は製品 m の平均距離 $\bar{d}_m = \sum_{i=1}^{n} d_{mi} \Big/ n$）．このとき，市場シェアの自己価格弾力性は次のとおりである．

$$E'_{mm} = \widetilde{P}_m\left(-\frac{\alpha}{\bar{d}_m} + \frac{\alpha s_m}{e^{d_{mm}}}\right) = \alpha \widetilde{P}_m\left(\frac{s_m}{e^{d_{mm}}} - \frac{1}{\bar{d}_m}\right) \tag{22}$$

以上より，(19) 式および (22) 式の関係を取り込んだ市場シェア関数が，次の (23) 式である．

$$\ln s_m = \sum_{j=1}^{k}\left(a_j z_{mj} + b_j z_{mj}^2\right) - \frac{\alpha}{\bar{d}_m}\widetilde{P}_m - \ln \sum_{i=1}^{n} e^{\left[\sum_{j=1}^{k}\left(a_j z_{ij} + b_j z_{ij}^2\right) - \frac{\alpha}{e^{d_{mi}}}\widetilde{P}_i\right]} \tag{23}$$

注

1) 土木学会土木計画学研究委員会［1995：第 2 章］を参照．なお，ガンベル分布を仮定する理由としては，ガンベル分布は誤差項分布の一般的な分布である正規分布に近似しており，モデルを導出する上で正規分布を仮定するよりも操作が容易だからである．
2) Ben-Akiva and Lerman［1985］を参照．
3) (19) 式の分母において $e^{d_{mi}}$ とした理由は，製品間の属性が同一で製品間の距離 d_{mi} がゼロのときに，(19) 式の分母が 1 となって製品間が同質であるときの交差価格弾力性 (17) 式が導出できるようにするためである．

第 5 章　結論

第 1 節　本書の要約

　本書では，国産大豆の消費拡大に向けて，①大豆加工メーカーの大豆品質ニーズと国産大豆に対する評価の解明，②大豆生産者と大豆加工メーカーとの直接取引や契約栽培の実態解明，③国産大豆使用商品の消費拡大に向けた条件解明の3つの課題を設定して，分析を行ってきた．各章で得られた結論は，次のとおりである．

　まず，第1章では，大豆は我が国の食生活にとって重要な農産物であるものの，2013年時点で自給率は7％であり，豆腐や納豆といった食品用での需要に限っても自給率は21％と総合食料自給率39％に比べ低水準にとどまっていることを指摘した．中国における大豆輸入量の増大等を背景に，海外産大豆の価格は高騰してきており，国内での大豆生産振興が，以前に増して強く求められてきているが，国内の大豆生産は単収が低くかつ不安定の状態が続いている．そのため，国産大豆に対する需要拡大のためには，第1に供給の安定化を達成し，加えて大豆加工メーカーの品質ニーズや国産大豆に対する評価に対応した大豆生産を行うことが重要である．そのためには，大豆生産者と大豆加工メーカーとが直接取引や契約栽培により，お互いに距離を縮め，相互理解を深めることが有効である．そして，こうした取引関係の定着のためには，国産大豆使用商品の消費拡大が求められることを指摘した．

　次に，第2章では，豆腐製造業と納豆製造業の現況を各種統計データから整理するとともに，両産業における原料大豆の品質ニーズ，および国産大豆に対する評価について明らかにした．豆腐および納豆の製造量は，増加傾向から近

年は減少傾向へと転じており，こうした製造量の減少傾向に伴い，原料大豆の使用量も減少している．さらに，両産業とも販売額上位企業への販売集中が進展しており，こうした市場構造を踏まえ，各産業の販売額上位の大手メーカーと，中小メーカーからそれぞれ数社を選び，原料大豆の品質ニーズと国産大豆に対する評価について聞き取り調査を実施した．原料大豆に対する品質ニーズについては，豆腐では，タンパク含量は最低35～42%，粒大については大粒ないし中粒が望まれ，納豆では，粒大については小粒や極小粒が望ましいが，成分については気にしていないという意見が多く聞かれた．さらに，保管時の品質劣化が早い，煮豆をパックへ充填する際に大豆の皮がむけて充填機を詰まらせる恐れがある等の理由から，両産業ともに，好ましくない品質として裂皮粒が挙げられた．

　国産大豆に対する評価については，長所として，「味が良い」「産地にすぐ行ける」などが挙げられたが，短所について，同一産地内の品質のばらつきの大きさや選別の悪さ，農薬の使用履歴が不透明など多くの意見が出された．一方，輸入大豆のメリットとして「数量の安定性」と「生産履歴の明確さ」が挙げられたが，こうした特性を備えることが，国産大豆の需要拡大に向けた一方策であり，また，産地との距離の近さを活用し，大豆生産者とのコミュニケーションを重ねることで，ニーズに即した原料大豆の調達が可能になると考えられるので，このような関係性を実現できる直接取引や契約栽培の推進も，国産大豆の需要拡大に資すると考えられる．

　第3章では，国産大豆の流通の概要について述べるとともに，大豆生産者と大豆加工メーカーとの相互理解を深めることが期待される直接取引および契約栽培への取組事例について述べた．国産大豆の流通は，①JA等に販売委託さるもの，②生産者が大豆加工メーカーに直接販売するもの（直接取引），③集荷業者等が生産者から買い付けて，大豆加工メーカーに販売されるものに分かれ，約8割の大豆が①のルートで流通している．直接取引および契約栽培への取組事例については，豆腐製造業者3社，納豆製造業者2社を取り上げた．直接取引においては，問屋を介さずに取引を行うため，問屋が担っている①輸

送，②保管の機能をいずれかの主体が担う必要があり，③選別，④金融（代金決済）の機能についても，両者が話し合い解決する必要がある．取り上げた事例においては，大豆の輸送は，いずれも農場の代表が実施しており，輸送の際に大豆加工メーカーと顔を合わせることで，貴重な情報交換の機会となっている．保管については，いずれも大豆加工メーカー側が費用負担しており，選別については，いずれも納品前に大豆生産者側での選別をお願いし，さらに納品後に自社工場で再選別している．最後に，代金決済については，1年分の大豆代金を2～3回に分けて支払ったり，月末締めの翌月末払いの方式がとられていた．

最後に，第4章では，総務省『家計調査年報』をもとに，豆腐および納豆の消費動向を見るとともに，今後の需要動向を考察した．さらに，納豆を対象に，商品レベルでの消費者の購買データと市販されている商品の属性データを用いて，国産大豆属性への消費者評価の計測と，国産大豆使用商品の価格弾力性の計測を行った．豆腐および納豆の消費動向については，豆腐の消費量は安定的に推移しており，一方で，納豆は，近年まで消費量が増加していた．しかしながら，世帯主の年齢階級が高いほど消費量が多く，2005年時点で，豆腐については49歳以下の層は70歳以上の層に比べ概ね半分以下の消費水準であり，納豆については39歳以下の層は70歳以上の層に比べ概ね半分の水準となっている．そのため，現行の消費水準のまま若い世代が年齢を重ねていけば，人口の減少と相まって，各品目とも国内需要が縮小していく可能性は大きいことが明らかになった．

このような品目別の需要動向のなかで，国産大豆を使った商品に対する消費者評価を，商品レベルの購買データと商品属性データから計測した．その結果，「国産大豆」属性に対しては，現行の価格水準のままでは，市場シェアを縮小させる属性であることが分かった．そして，価格弾力性を計測したところ，国産納豆の販売促進においては，輸入納豆の価格変化よりも国産納豆自身の値下げの方が重要であることが分かり，国産大豆使用商品の消費拡大には値下げは欠かせないことが明らかになった．こうした値下げ以外に，国産大豆使

用商品の消費拡大方策として，消費者の健康志向に対応した国産大豆使用商品の開発が考えられる．各業界団体によるアンケート調査結果において，豆腐や納豆の消費理由として，納豆においては「栄養が豊富」，豆腐においては「健康に良い」がそれぞれ最上位に挙げられており，こうした豆腐や納豆に対する消費者の健康機能性需要に対応した国産大豆使用商品の開発は，国産大豆の消費拡大方策として有効と思われ，具体的には機能性成分を有する品種を使った商品の開発が考えられる．

第2節　直接取引の推進による国産大豆の消費拡大に向けて[1]

　第4章での価格弾力性の計測より，国産大豆使用商品の市場シェア拡大には，輸入大豆使用商品の価格変化よりも，国産大豆使用商品自体の値下げが大きく寄与することが明らかになったが，値下げのためには，国産大豆をより安価に調達することが不可欠である．この点に関し，第3章で，大豆生産者と加工メーカーとの直接取引事例を述べたが，直接取引は中間業者が介在しないため，加工メーカーは現在主流となっている入札取引や契約栽培よりも，安価に国産大豆を調達できる可能性がある．

　そこで，本節では，問屋を介して大豆を調達した場合と，直接取引で大豆を調達した場合との比較分析を行い，直接取引の大豆生産者および加工メーカーにとっての経済的メリットの有無を検討する．

　表5-1は，第3章で取り上げた直接取引の3事例について，大豆生産者についてはJA等に出荷したと想定した時の大豆作収入との比較を，加工メーカーについてはJA等に販売委託された大豆を問屋から購入すると想定したときの購入単価との比較をまとめたものである．これら3事例は，取引開始時点における大豆作の収入補填に関する助成金制度が異なっているが，JA等に出荷したと想定した時の農業者の大豆作収入（60kg当たり）は，G社から順に，1万3,860円，1万9,399円，2万4,651円である．一方，各事例の直接取引による農業者の大豆作収入は，それぞれ2万円，2万4,310円，2万1,460円であ

第5章 結論 (97)

表5-1 直接取引の経済性分析

(単位：円/60kg)

調査事例	G社（京都府）	I社（岐阜県）	J社（長野県）
取引相手	GA農場（滋賀県）	IA営農組合（岐阜県）	JC農場（長野県）
直接取引開始年	2005年	2011年	2013年
取引品種	ことゆたか，オオツル	フクユタカ	スズホマレ
大豆栽培に対する要望	栽培期間中は無農薬栽培（播種前に除草剤を1回散布）	種子消毒は控える．除草剤の散布は1回のみ．	特別栽培
直接取引における取引単価 (A)	20,000	13,000	9,800
取引開始時点における大豆作の収入補填に関する助成金制度	大豆交付金制度	戸別所得補償制度	経営所得安定対策
大豆作の収入補填に関する助成金額（生産数量当たり）[1] (B)	8,030	11,310	11,660
JA等に出荷したと想定した時の生産物代金[2] (C)	5,830	8,089	12,991
JA等に出荷したと想定した時の農業者の大豆作収入 (B)＋(C)＝(D)	13,860	19,399	24,651
直接取引における農業者の大豆作収入[3] (B)＋(A)＝(E)	20,000	24,310	21,460
直接取引による農業者の大豆作収入増加額 (E)－(D)	6,140	4,911	-3,191
加工メーカーが問屋を介して当該大豆を入手するときの想定価格[4] (F)	23,000	14,520	19,422
直接取引による原料購入価格変化額 (A)－(F)	-3,000	-1,520	-9,622

資料：聞き取り調査，大豆入札取引結果（財団法人 日本特産農産物協会），JA資料，食糧統計年報をもとに作成．
注：1) G社の大豆交付金額は，2005年産の交付金額．
　　2) G社の事例については，2005年産・滋賀県・オオツル・大粒の平均落札価格，I社の事例については2011年産・岐阜県・フクユタカ・大粒の平均落札価格，J社の事例については2013年産・長野県・その他品種の平均落札価格から，JAによる流通経費1,300円（概算値）を控除した金額である．
　　3) 大豆交付金制度下では，JA等に販売委託しない限り交付金は受給されないので，G社事例の大豆作収入に交付金は含まれていない．その他の事例での大豆作収入については，播種前契約を結んでいる，農産物検査を受けているという前提で，取引単価と助成金額を足し合わせたものを大豆作収入としている．
　　4) G社の事例については，直接取引に移行する前に実際に支払っていた金額である．I社とJ社の事例については，注2）に記載した落札価格に，契約栽培に伴うプレミアム（1,131円）＋特栽プレミアム（2,000円）＋問屋手数料（2,000円）を足し合わせた金額である（いずれも概算値）．

り，これらの差から算出される直接取引による農業者の大豆作収入増加額は，6,140円，4,911円，-3,191円である．J社の事例において，直接取引による農業者の大豆作収入増加額がマイナスとなっているが，これは2013年産大豆の価格がすべての銘柄で大幅に高騰したからであり（長野産その他品種で1万4,291円），仮に2012年産の長野県・その他品種の価格（6,500円）で同様の計算を行えば，事例J社の直接取引による農業者の大豆作収入増加額は4,600円となる．

一方，加工メーカーが直接取引で購入している大豆の単価（60kg当たり）は，G社から順に，2万円，1万3,000円，9,800円であり，仮に取引相手の大豆を問屋を介した契約栽培により購入すれば，2万3,000円，1万4,520円，1万9,422円である．そのため，直接取引により，60kg当たりそれぞれ，3,000円，1,520円，9,622円安く当該大豆を調達できている．特に，J社の事例で顕著に割り引かれているが，これは上述したように，2013年産大豆の落札価格が高水準であったことによるものである．

以上，直接取引の大豆生産者および加工メーカーにとっての経済的メリットについて分析したが，2013年産のように大豆の落札価格が高騰すれば，生産者にとってのメリットはなくなるが，2012年産以前の平均である7,000～8,000円前後で推移すれば，JAや問屋を介して取引するよりも，生産者にとっては収入が多くなり，一方で加工メーカーにとっては安く調達できるので，双方にメリットがもたらされる．

また，直接取引により，播種前時点で，生産者にとっては販売価格が分かり，一方で加工メーカーにとっては調達価格が分かるため，双方にとって生産・販売計画が立てやすくなるというメリットも生じる．

これらのことを踏まえれば，直接取引を推進することで，国産大豆を使用した商品を安く供給でき，国産大豆使用商品の消費拡大につながることが期待できる．さらに，今回取り上げた3事例にあるように，特別栽培での大豆生産等，農薬の使用を減らした大豆による商品開発も可能であり，そうした点でも消費者ニーズに即した商品の供給が可能といえる．

このようなメリットを指摘できる一方で，直接取引が実現するまでには，好適な取引相手の探索や，取引価格の決定方法，問屋機能の分担関係など，クリアしなければならない課題も存在する．こうした課題の解決を容易にするためには，直接取引事例の取組内容に関する情報を蓄積して，そうした情報を生産者や加工メーカー間で共有していくことが重要といえる．

　さらに，こうした生産者との直接取引が実現した後に，取引が継続していくためには，継続的に商品を購買してくれるリピーターを育成していくことが課題として挙げられる（マグレイス［2011］）．リピーターの育成においては，消費者の商品に対する感想やニーズを聞くとともに，商品を提供する側のこだわりやストーリーを伝えることができる双方向のコミュニケーションの場の存在が重要であり（土田［2007］），本書で取り上げた G 社，I 社，J 社のように自社工場に併設して直売所を開設したり，取引先の農場で消費者と一緒に農作業を行うといった，消費者との双方向のコミュニケーションの場を設けることが求められる．

　以上，本章では，直接取引の国産大豆の消費拡大に向けた有効性やメリットなどについて述べてきた．直接取引は，現在の JA や問屋を介した国産大豆流通網に取って代わるほどの量的な拡大はただちには起こりにくいが，第 3 章で述べたように，直接取引においても要件さえ満たせば大豆作にかかわる収入補填の助成金を受給できるようになり，さらに水田作経営の大規模化と大豆作の本作化が進み，以前よりも単独の生産者や農業法人，産地が供給できる大豆の量は増えてきており，直接取引が普及する条件は整ったといえる．量的な側面からいえば，直接取引は中小規模のメーカーを中心に普及していくと思われ，そこでは，自社のニーズや商品戦略に即した大豆を生産者とコミュニケーションを重ねるなかで調達し，ホームページや直売所などを通じて，大豆生産者の紹介や生産者とのコミュニケーションの内容を情報発信することで，ストーリー性のある商品を消費者にアピールし，これら一連の取り組みを通じて上位企業との差別化が図られることが，直接取引の 1 つの普及モデルになると思われる．

注
1) 本節は田口・梅本［2012］を加筆・修正したものである．

引用文献

Ben-Akiva, M. and Lerman, S.R.［1985］：*Discrete Choice Analysis*, The MIT Press.
Blattberg, R.C. and Wisniewski, K.J.［1989］："Price-Induced Patterns of Competition," *Marketing Science*, Vol.8, No.4, pp.291-309.
Combris P., Lecocq, S. and Visser, M.［1997］："Estimation of a Hedonic Price Equation for Bordeaux Wine：Does Quality Matter?," *The Economic Journal*, Vol.107 (March), pp.390-402.
土木学会土木計画学研究委員会編［1995］：『非集計行動モデルの理論と実際』，土木学会．
遠藤善也［2006］：「豆腐製造業における国産大豆の位置づけ」，『日本作物学会東北支部会報』49，pp.79-82．
後藤一寿［2005］：「フォーカス・グループインタビューとTN法の活用による実需者ニーズ把握：豆腐・納豆メーカーにおけるニーズ把握を事例として」，『2005年度日本農業経済学会論文集』，pp. 276-280．
Halvorsen, R. and Palmquist, R.［1980］："The Interpretation of Dummy Variables in Semilogarithmic Equations," *American Economic Review*, Vol.70, No.3, pp.474-475.
石々川英樹・合崎英男［2006］：「原料や味の違いによる豆腐の消費者評価」，『農業経営研究』44（2），pp.79-83．
石々川英樹・合崎英男［2007］：「食味試験とコンジョイント分析の併用による豆腐の消費者選好」，『農業経営研究』45（2），pp.79-83．
伊藤和子［2002］：「宮城県産大豆の生産と実需者ニーズ」，『東北農業研究』55，pp.295-296．
片平秀貴［1981］：「銘柄間類似性とマーケット・シェア：吸引力型シェア・モデルの拡張」，『大阪大学経済学』31（2・3），pp.247-260．
木村彰利［2007］：「豆腐製造業者からみた加工原料としての国産大豆の課題」，『農業市場研究』16（2），pp. 96-101．
栗原悠次・田中裕人［2004］：「緑茶におけるヘドニック価格関数の推定」，『農業経営研究』42（3），pp.1-11．
リタ・ギュンター・マグレイス［2011］：「よいビジネスモデル 悪いビジネスモデル」，『ダイヤモンド・ハーバード・ビジネス・レビュー』2011年8月号，pp.37-44．
日刊経済通信社調査出版部［2013］：『酒類食品産業の生産・販売シェア：需給の動向と価格変動 2013年度版』，日刊経済通信社．
Rosen, S.［1974］："Hedonic Prices and Implicit Markets：Product Differentiation in Pure Competition," *Journal of Political Economy*, Vol.82, No.1, pp.34-55.

笹原和哉［2009］:「大豆加工業者と生産者の直接取引における課題：課題の摘出と「Soya 試算シート」の有効性の評価」,『2009年度日本農業経済学会論文集』, pp.326-333.
佐々木和則［2001］:「豆腐製造業者の実態と国産・県産大豆への意向：秋田県内におけるアンケート調査結果より」,『東北農業研究』55, pp.263-264.
澤千恵［2011］:『食品企業の戦略転換』, 農山漁村文化協会.
Sethuraman, R., Srinivasan, V. and Kim, D. [1999] : "Asymmetric and Neighborhood Cross-Price Effects: Some Empirical Generalizations," *Marketing Science*, Vol.18, No.1, pp.23-41.
島田信二［2013］:「日米における大豆生産技術の現状とわが国の課題」梅本雅・島田信二編『大豆生産振興の課題と方向』, 農林統計出版, pp.69-123.
庄野千鶴・鈴木宣弘・川村保・渡辺靖仁［2000］:「日別POSデータによる牛乳需要分析」,『フードシステム研究』7 (2), pp.80-91.
添田孝彦［2004］:「市販木綿豆腐の原料・製法・品質に関する地域調査」, New Food Industry, Vol.46, No.3, pp.55-63.
田口光弘［2002］:「品質調整済み価格を用いた市場シェア関数の推計：納豆市場を事例として」,『2002年度日本農業経済学会論文集』, pp.194-196.
田口光弘［2003］:「製品属性と市場シェア：納豆を事例として」,『農業経済研究』74 (4), pp.147-159.
田口光弘［2006］:「吸引力型モデルを用いた交差価格弾力性の推定：納豆を事例として」,『2005年度日本農業経済学会論文集』, pp.286-292.
田口光弘［2013］:「大豆生産者と大豆加工メーカーの連携による新たな大豆ビジネスモデルの形成」, 梅本雅・島田信二編『大豆生産振興の課題と方向』, 農林統計出版, pp.156-171.
田口光弘・梅本雅［2012］:「地域経済活性化に向けた大豆加工販売ビジネスモデルの実態と課題」,『農業経営研究』50 (1), pp.136-141.
髙橋克也［1992］:「食品アイテム間の競合分析：POSデータを用いた実証分析」,『農総研季報』15, pp.19-25.
Trajtenberg, M. [1990] : *Economic analysis of product innovation : The case of CT scanners*, Harvard University Press.
土田志郎［2007］:「課題と方法」, 土田志郎・朝日泰蔵編『農業におけるコミュニケーション・マーケティング：北陸地域からの挑戦』, 農林統計協会, pp.1-79.
上田隆穂［1986］:「食品アイテムの競合分析及び価格決定シミュレーション－POSデータによる実証研究－」,『学習院大学経済論集』23 (3), pp.1-19.
梅本雅・山本淳子・大浦裕二［2004］:「市場ニーズに対応した国産大豆生産振興の課題と条件」,『フードシステム研究』10 (3), pp.19-33.
梅本雅［2007］:「大豆生産の現状と大豆策経営の対応」, 食料白書編集委員会 編『日本人と大豆』, 農山漁村文化協会, pp.79-112.

あとがき

　本書は，筆者が2008年に筑波大学に提出した学位請求論文「納豆の市場構造と製品差別化」をもとに，農研機構中央農業総合研究センター在籍時に行ったフィールドサーベイの結果を加え，大幅な加筆・修正を行ったものである．本書は，以下のような公表論文をもとに執筆された．

［1］「製品属性と市場シェア：納豆を事例として」『農業経済研究』第74巻第4号，2003年
［2］「吸引力型モデルを用いた交差価格弾力性の推定：納豆を事例として」，『2005年度日本農業経済学会論文集』，2006年
［3］「地域経済活性化に向けた大豆加工販売ビジネスモデルの実態と課題」，『農業経営研究』第50巻第1号，2012年
［4］「大豆生産者と大豆加工メーカーの連携による新たな大豆ビジネスモデルの形成」，梅本雅・島田信二編『大豆生産振興の課題と方向』，農林統計出版，2013年

　本書の取りまとめにあたっては，多くの方々からご助言，励ましをいただいた．特に，総合農業研究叢書の2名の査読者および仁平恒夫編集委員長（当時）にお礼申し上げる．
　本書のもととなった学位論文の執筆にあたっては，筑波大学大学院生命環境科学研究科の茂野隆一先生，首藤久人先生，松下秀介先生，さらに退官された坪井伸弘先生，永〻正和先生の各先生に懇切なご指導と多大なご教示を賜った．心より感謝申し上げる．
　これまで，農研機構に採用以来，多くの上司や先輩方，同僚よりご助言をいただいた．特に，大豆生産者や大豆加工メーカーへのフィールドサーベイに関しては，2006年から2010年に在籍した中央農業総合研究センター農業経営研

究チームにおいて，梅本雅チーム長（現中央農業研究センター所長）をはじめとするチーム員の方々から，調査設計から調査結果の検討まで，さまざまな段階で有益なご助言を賜った．

　最後になるが，本書は，多くの大豆加工メーカーや大豆生産者，さらには生産者団体への聞き取り調査によって得られたデータにもとづいている．多忙な中，時間を割いて調査にご協力下さった皆様に，深く感謝申し上げる．また，消費者の購買行動分析においては，株式会社東急エージェンシーからデータ提供のご協力をいただいた．改めて感謝申し上げる．

2017年3月

田口　光弘

著者略歴

田口　光弘（たぐち　みつひろ）

　　　　　　　　　　　　　　　　　　　　博士（農学）〔筑波大学〕

1976 年　栃木県生まれ
2004 年　筑波大学大学院　生命環境科学研究科（博士課程）中退、
　　　　　農研機構　中央農業総合研究センター（現中央農業研究センター）配属
2014 年　農研機構　北海道農業研究センター配属

大豆フードシステムの新展開
New Developments of Japanese Soybean Food System

2017 年 3 月 17 日　印刷	定価はカバーに表示しています。
2017 年 3 月 31 日　発行	

著 者　田　口　光　弘

発行者　磯　部　義　治

発　行　一般財団法人農林統計協会
　　　　東京都目黒区下目黒 3-9-13　目黒・炭やビル
　　　　　　http://www.aafs.or.jp/
　　　　郵便番号　153-0064　電話 03(3492)2987（普及部）
　　　　　　　　　　　　　　　　 03(3492)2950（編集部）
　　　　振替　00190-5-70255

PRINTED IN JAPAN 2017

落丁・乱丁本はお取り替えします。　　　印刷　藤原印刷株式会社
ISBN978-4-541-04138-8　C3033